古代歷史文化研究輯刊

三 編

王明蓀 主編

第8冊

中國中古時期之陰山戰爭
及其對北邊戰略環境變動與歷史發展影響（上）

何世同 著

國家圖書館出版品預行編目資料

中國中古時期之陰山戰爭及其對北邊戰略環境變動與歷史發展影響（上）／何世同 著—初版—台北縣永和市：花木蘭文化出版社，2010〔民99〕

序 2+ 目 4+164 面；19×26 公分
（古代歷史文化研究輯刊 三編：第 8 冊）
ISBN：978-986-254-093-0（精裝）
1. 戰爭 2. 戰略 3. 中古史 4. 中國史
592.92　　　　　　　　　　　　　　　99001366

ISBN - 978-986-2540-93-0

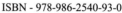

9 789862 540930

古代歷史文化研究輯刊
三 編 第 八 冊　　　　　ISBN：978-986-254-093-0

中國中古時期之陰山戰爭
及其對北邊戰略環境變動與歷史發展影響（上）

作　　者　何世同
主　　編　王明蓀
總 編 輯　杜潔祥
出　　版　花木蘭文化出版社
發 行 所　花木蘭文化出版社
發 行 人　高小娟
聯絡地址　台北縣永和市中正路五九五號七樓之三
　　　　　電話：02-2923-1455／傳眞：02-2923-1452
網　　址　http://www.huamulan.tw 信箱 sut81518@ms59.hinet.net
印　　刷　普羅文化出版廣告事業　．
初　　版　2010 年 3 月
定　　價　三編 30 冊（精裝）新台幣 46,000 元

中國中古時期之陰山戰爭
及其對北邊戰略環境變動與歷史發展影響（上）

何世同　著

作者簡介

何世同

　1947 年 生於湖北省鄖縣

　1949 年隨 父母來台 定居台南市

●基礎教育與軍事學歷

　台南一中初、高中

　陸軍官校 1968 年班（37 期步科，理學士）

　三軍大學陸軍指揮參謀學院 1977 年班

　三軍大學戰爭學院 1980 年班（第一名畢業）

●主要軍事經歷（1964 年～ 1994 年）

　陸軍空降部隊排、連、營長

　三軍大學戰爭學院野戰戰略上校教官

　馬祖防衛司令部 193 師 578 旅上校旅長

　陸軍空降第 71 旅少將旅長（1990 年 1 月 1 日晉升少將）

　陸軍空降特戰部隊少將指揮官

● 1994 年退役 繼續讀書所獲學位

　淡江大學法學碩士（榜首考入，1994 年 9 月～ 1996 年 6 月）

　國立中正大學歷史博士（榜首考入，1998 年 9 月～ 2001 年 4 月）

●主要教學經歷

　國立嘉義大學國防與國家安全研究所 兼任副教授

　國防大學戰爭學院 講座

　興國、稻江等管理學院 專任助理教授

●現任（2005 年 8 月～）

　崑山科技大學通識教育中心 專任副教授

●主要著作

　戰略概論（2004 年 9 月）

　中國戰略史（2005 年 5 月）

　殲滅論（2009 年 6 月）

提　要

　　陰山山脈位於大漠與黃河河套及土默川平原之間，居古中國帶狀「農畜牧咸宜區」的中央位置，是中古時期北方草原游牧民族與南方農業社會兩大勢力交會之所，從而產生頻繁互動，戰爭時而發生。

　　本研究之斷限，起自漢高帝元年（前 206），終於唐昭宣帝天祐三年（906），共 1112 年，即是概念上的「中古時期」。本研究不含游牧民族小兵力、單方面之劫略行為，共彙整此時期陰山地區戰爭凡 183 例，平均約 6.08 年發生戰爭一次。其中，除隋朝時期的 1.87 年 / 次，遠超過中古時期之平均值，為陰山地區發生戰爭頻率最高的時期外，其餘各時期戰爭發生之頻率則概等。

　　就地緣與地形特性論，陰山山脈在地略上，南扼山南平原，北接漠南草原及大漠，自古即是南北勢力競逐的「四戰之地」。又因陰山地形南麓陡峭，越野通過困難，具備軍事上天然「地障」之條件。因此，縱貫其上、由東向西併列之白道、稒陽、高闕與雞鹿塞等四條交通道路，

遂成跨陰山南北用兵作戰線必經之戰略通道。而白道能「通方軌」，較適合正規大軍作戰，故道上及其南北延伸線上之戰爭次數亦多，是中古時期陰山第一軍道；其餘三道之重要性，則呈由東向西遞減狀況。陰山北接漠南草原，越過漠南草原，即是大漠。因為大漠的阻絕作用，對北方草原民族軍隊（北方大軍）踰漠而南之作戰行動，形成極大限制；而漠南草原縱深有限，又無瞰制地形可用，也不利於建立前進基地或就地實施防禦，故在中古時期「南北衝突」過程中，南方大軍常居於較有利之地位。

中古時期游牧民族以經濟生產為目的之劫掠作戰，是造成中古時期「南北衝突」的源頭，也是南方政府訂定北邊國防政策的首要考量。本文分析各時期 14 場重要戰爭發現，中古時期陰山戰爭的發生，不論其直接原因為何，大致都應是緣於「南北衝突」。在此歷史發展所造成之大環境中，透過戰爭，可化解衝突與建立階段性的「戰略平衡」；但因衝突之因子始終存在，故在此框架之中，戰爭或能解決原有的衝突，但也每是另一次新衝突的導因。而在歷史發展的過程中，戰爭更使北邊的「戰略平衡」，進入一個反覆建立、維持、破壞與重建的循環系統；而其最大影響因素，就是陰山與大漠兩大地障。

中古時期南方大軍出陰山渡漠攻擊北方游牧民族之戰爭，概有 30 次。但因受大漠地障限制、地理上錯誤認知及心理上「漠北無用論」等因素影響，在唐太宗貞觀二十年以前，均只見單純之軍事作戰行動，並無政治權力建立及保持之經略觀念與作為；故幾乎每次都是南軍稍攻即退，北方牧族走而復返，戰爭與權力脫節現象不斷重演。又由於南方大軍渡漠作戰之「攻而不略」，致軍事勝利之戰果迅速落空，師疲而無功，每次渡漠作戰都須從原點開始，形成國力之大浪費。而中古時期真正能充分運用權力，以戰爭為手段，達到經略漠北目的者，亦僅唐太宗一人而已。

目次

插　圖

表

自　序

　　本書是筆者的國立中正大學歷史研究所博士論文，故所引用的「參考資料」，均以畢業以前的 2001 年為「時間點」。為保存論文原貌，忠實反映做為一個歷史「新科博士」的實際學術水平，本書除校對錯別字，重新繪製附圖，並由彩色改為黑白外，文字部分並無任何增刪。

　　筆者於 1997 年 9 月進入博士班就讀時已 51 歲，在韶華不再與衣食無慮的壓力與條件下，時時鞭策自己，格外用功。加上筆者大學讀理工，碩士學政治，一旦進入了全然陌生的史學領域，更是戰戰兢兢，一刻不敢懈怠，在第一學年就追隨了大師級的老師雷家驥教授（國家歷史博士），接受其指導，並決定了博士論文題目。

　　1998 年暑假，筆者遠赴研究地區「偵察地形」，並於是學年 9 月正式開始撰寫論文。在撰寫的過程中，筆者除每週固定兩天至學校上課，及尋找資料並接受雷教授指導外，其餘時間均在台南家中埋首書堆之中，沒有應酬，也沒有外務，專心一意，把撰寫論文當成了個人人生階段性的唯一目標。且從電腦打字、排版、繪圖，到校對、印製，完全自力為之，未絲毫假手他人；用功與認真程度，應可用「廢食忘寢」四個字來形容。

　　2000 年寒假，論文大致完成。三月，呈給雷教授審閱，但立即被雷教授批改得體無完膚、一無是處，毫不留情地「退回重寫」。這對當時猶滿懷「大功告成」喜悅的筆者而言，不但重重挫傷了信心，而且也開啟了漫長、痛苦的「周而復始」退稿歷程。自此，筆者才領教到了雷教授在學術上「不通情理」的堅持，與「六親不認」的厲害。

　　雷教授論學嚴謹，向不留情面，故有「雷大刀」之號；其「大刀」作風，

具體表現在指導論文與擔任論文口試委員之上。從 2000 年 4 月第一次被退稿開始，筆者即在雷教授「大刀」揮動的光影下，經常「遍體鱗傷」；「療傷止痛」之餘，只有更加努力，力求讓「大刀」無下手處。自此以後，每日除吃飯、睡覺之外，幾乎所有時間與精力都花在論文研究之上。不過，雷教授的「大刀」風格，固予筆者甚大壓力與威脅，但筆者三十年戎馬生涯所磨練出來的軍人性格，也表現在對雷教授「緊迫釘人」的鍥而不捨行動上。在論文修改的過程中，筆者屢敗屢戰，愈戰愈勇，充分掌握「主動」，著實也給了雷老師相對的大壓力。這篇論文，可以說就是在此種師生互動模式下完成的。

本論文一共被雷老退稿六次；但由每次退稿時雷教授密密麻麻、不厭其煩的批改文字；就可以看出其對本論文所付出的鉅大心力。尤其令人感動的是，2001 年的除夕，雷教授猶不得清閒，居然還在爲本論文之最後定稿，挑燈夜戰。其認眞與執著，以及毫無保留的傾囊相授，更使筆者不敢稍有怠忽，所能圖報者，恐怕就是寫出一篇像樣的論文了。

2001 年寒假過後，雷教授終於告知筆者，論文可以提交口試了。當得知通過「大刀」關的那一刻，眞是百感交集，興奮、感謝、驕傲之餘，也有著些許的疲憊。但回顧來時路，雖跌跌撞撞，到頭來彷彿一切還是那麼的順利、甜蜜、美好；在這裡，筆者要對雷教授輕輕地、眞心誠意地說一聲：「老師：您辛苦了！謝謝 您！」

另外，筆者還要向雷教授報告，您指導的這篇博士論文，已被評爲優良歷史論文，並由花木蘭文化出版社出版；您的工夫沒有白花，學生我也沒有讓您失望。在此，也對曾關心筆者，對筆者傳道、授業、解惑的毛漢光、王明蓀、廖伯源等老師，一併致上最眞摯的謝意；當然，更要感謝花木蘭文化出版社高小娟社長的情義出版。

何世同 謹識於 崑山科技大學 2009 年 11 月 15 日

第一章 序 論

第一節 研究動機與目的

　　中國中古時期北邊地理上的生態環境，由於受到大興安嶺——陰山——賀蘭山所組成之「N 型」山體影響，向西、向北之外側是「畜牧優勢區」，向東、向南之內側為「農業優勢區」，中間則是典型「農畜牧咸宜」的所謂「農林牧交替地帶」。〔註 1〕秦漢以迄隋唐，原居住於「畜牧優勢區」之北方草原游牧族大舉遷徙南下，概沿「農畜牧咸宜區」向「農業優勢區」推移，雖然造成了游牧民族與農業民族的大融合，豐富了中華文化的內涵，但在漫長的胡漢互動與調適過程中，雙方關係緊張，「戰爭」〔註 2〕與單方面之武裝行為未曾中斷，天下分合相繼，紛擾動盪。在這個複雜的歷史大環境中，陰山橫亙於「農畜牧咸宜區」之外緣，亦為北塞東西萬里的地理中心，南扼黃河北彎沖積平原（以下稱山南平原），北控漠南廣大草場（以下稱漠南草原），遂成四戰之地，活躍於歷史舞台。而在其附近所發生之戰爭，亦與北邊戰略環境變動及歷史發展，產生某種程度互動。

〔註 1〕 田廣金、郭素新〈中國北方長城地帶環境考古學的初步研究〉，刊於《內蒙古文物考古》，1997 年 2 月，頁 45；此亦毛漢光師所稱的「農畜牧咸宜區」（〈從考古發現看魏晉南北朝生活型態〉，收入《考古與歷史文化・慶祝高去尋先生八十大壽論文集》，下集，民 81 年，頁 182）。

〔註 2〕 凡軍語首次或筆者認為之適當位置出現於正文（包括注腳）時，均以粗體字加「　　」號標示一次，並釋義於篇後〈附錄〉；惟在正文或註腳釋義者，則不再贅列。

　　筆者服務軍旅三十年，受過完整軍事養成與戰術、戰略教育，曾擔任將級野戰部隊指揮職及三軍大學（民國八十九年更名「國防大學」）戰略與戰史教官職，熟稔軍隊實務，對戰爭亦有一些研究基礎。故進入博士班攻讀後，筆者即鎖定戰爭為主要研究領域，初步的〈研究計畫〉，是以「北魏戰爭研究」為主題，並已搜集相關戰例 211 件，欲作進一步研究之基礎。北魏為鮮卑拓跋氏所建，其發源與興起之地在大鮮卑山；〔註3〕初期建國之地，則在今陰山以南的大黑河至桑乾河流域之間地區。由於後者地處「農畜牧咸宜」地帶的中央位置，也正是中古時期北方游牧民族與南方農業社會互動與衝突最主要的場所。永嘉亂後，晉室南遷，北方胡漢混雜，交相伐併，戰爭方興未艾，而鮮卑拓跋氏能在干戈擾攘之中，統一北方，建立起一個穩定的胡人政權達一個半世紀之久；其最大憑藉，應是戰爭，因而引起筆者對北魏戰爭的研究興趣。筆者並曾於民國八十七年六月赴山西大同至陰山以北的百靈廟之間地區，實地觀察瞭解研究地區之地理、交通與陰山之「**地障**」狀況，並搜集相關考古資料，以落實研究準備。

　　不過，筆者基於對陰山歷史重要性之認知，在研究北魏戰爭的過程中，發現甚多重要「**作戰**」均與陰山地區有關，而跨越陰山的白道、稒陽、高闕與雞鹿塞等四條縱貫山道，更是中古時期溝通大漠、漠南草原與山南平原的交通孔道，擁有許多「跨陰山」進行之戰例，為難得之「**地障作戰**」研究地區。加上其特殊地緣位置，中古時期的陰山戰爭，可說因素複雜、類型多元、戰例繁豐，對北邊戰略環境變動及中國、乃至世界歷史發展，亦常有重大影響；此與北魏戰爭相較，領域與內涵都有過之。為自我提昇，筆者遂決定局部修改研究計畫，在既有北魏斷代戰爭研究之基礎上，以陰山地區為中心，

〔註3〕　有關鮮卑之發源地，范曄《後漢書》，卷九十，〈烏桓鮮卑列傳第八十〉，台北：鼎文書局，民國（以下簡稱「民」）85 年 11 月，頁 2985（以下所引正史，均採用此〔楊家駱主編〕版本，統見於文後「參考資料」，文中不再贅引）載曰：「鮮卑者，亦東胡之支也，別依鮮卑山，故因號焉」。魏收《魏書》，卷一，〈序紀第一〉，頁 1，亦載：「……國有大鮮卑山，因以為號」。1980 年，內蒙考古學者在呼倫貝爾盟‧鄂倫春自治旗‧里河鎮西北 10 公里，地當大興安嶺北段頂峰東麓處，發現了一座鮮卑石室（嘎仙洞，現已是地區旅遊觀光景點），此即拓跋氏之先世居住地。見米文平〈鮮卑石室的發現與初步研究〉，刊於《文物》，1981 年 2 月，頁 1。故大興安嶺北段之東，即應是所謂「鮮卑山」。清人張穆《蒙古游牧記》（中國邊疆叢書第一輯，卷 1，〈科爾沁〉，台北：文海出版社，民 54 年 12 月，頁 4）中，載「鮮卑山」在今內蒙科爾沁右翼中旗之西，北距石室約 700 公里，有誤。

以游牧與農業民族互動爲重點，以戰爭與權力關係爲基礎，上推西漢，下迄李唐，作一中古時期地區性之通代戰爭研究，爲戰史研究嘗試一條新的途徑。此爲筆者研究中古時期陰山戰爭之動機。

　　其次，自有人類，即有戰爭；一部人類文明發展史，其實幾乎就是一部戰爭史。蓋戰爭爲一複雜之互動行爲，其「戰略」、「戰術」、「戰鬥」、「戰法」、「戰具」之運用與發揮，固屬兵學專業研究之範疇，但戰爭之起因、經過、結果、影響，及牽動相關之政治、社會、經濟、文化、心理諸層面、尤其是權力問題，卻是歷史發展之最大動力與變數。其間關係，筆者希能藉對陰山戰爭的研究，獲得初步結論。此爲研究目的之一。

　　陰山的特殊「地形」、「地貌」及歷史「地緣」，在中古時期的北邊戰爭中，扮演重要角色，爲一「戰略性地障」；而其上四通道，因具「跨地障作戰」功能，更是南北雙方用兵之焦點，此亦「國防地理」問題。筆者欲就此觀點，歸納分析陰山地緣、地形特性，及其上各通道在南北方向作戰中的地位與利害，以進一步瞭解其對陰山戰爭、北邊戰略環境與歷史發展之影響。此爲研究目的之二。

　　中古時期游牧民族經常南來劫掠，是陰山地區戰爭發生的主要原因。而草原游牧民族爲何需要慣性劫掠？劫掠行爲對草原游牧民族之意義與重要性如何？筆者也欲從草原生態環境、游牧社會文化、劫掠作戰特質、領袖人物領導等方向，探討原因，並進而瞭解其對游牧民族興衰之影響，及與南方國家築長城採取「守勢」國防之關連。此爲研究目的之三。

　　由兩漢以迄隋唐，陰山戰爭繁多，除列於戰爭表外，亦選取其中重要而具重大影響或代表性者 14 例，概從「大戰略」、「國家戰略」、「軍事戰略」、「野戰戰略」與戰術等觀點，詳加分析研究，以評其得失作爲。透過對這些戰例之個案研究，進一步瞭解中古各時期陰山戰爭的特質及相互因果關係，並觀察在北邊戰略環境變動和歷史發展過程中，戰爭所扮演之角色。此爲研究目的之四。

　　中古時期游牧民族雖不斷南下劫掠，但南方政府亦經常派遣「大軍」出陰山、渡大漠，「反擊」游牧民族。惟在唐太宗統一大漠南北之前，這些由南向北的渡漠作戰，似乎並無顯著效果。筆者再試以地理、心理層面，分析南方各時期渡漠用兵所受到的影響與限制，並從政治經略角度，檢討其得失，以進一步瞭解戰爭在權力運用過程中所扮演之角色。此爲研究目的之五。

　　最後尚須強調的是，本研究計畫之改變，主要動力還是來自指導教授雷

家驥師之鼓勵與支持。蓋本研究由漢至唐，涵蓋七個朝代的胡漢互動，斷限過長，所涉範圍過廣，相關資料之搜整與消化困難，以筆者淺薄之歷史學養，恐非短期可致。但雷師博學，除專長中國中古歷史、史學觀念方法外，更精研五胡及歷史上的權力變動問題，可說是一位具有戰略素養的歷史學家。筆者在其悉心指導、傾囊相授之下，不但獲得了研究所需的大量基本資料，並且進一步知道如何尋找、整理、思考與運用更多的資料，才使本研究得以順利進行與完成。此外，戰爭與政治、社會問題關係緊密，毛漢光教授對此有相當深入之研究；其既有研究成果與熱心輔導，亦是筆者改變研究主題過程中的另一助力。

第二節　研究基本架構

本研究中所定義爲「陰山戰爭」者，凡「作戰線」經過陰山，或其周邊（概在漠南草原與山南平原之間）地區之戰爭，均屬之。而以陰山周邊地區爲基地，其「作戰線」向外延伸超出上述範圍時，亦可「依狀況」視爲「陰山戰爭」（「陰山戰爭」之範圍，概如圖 1 示意）。

本研究時間之斷限，起自漢高帝元年（前 206），止於唐昭宣帝天祐三年（906），爲 1112 年，不含篇後〈參考資料〉與〈附錄〉，都三十二萬五千餘字。筆者根據研究目的，本文除〈序論〉與〈結論〉分別爲第一章與第九章外，其餘區分爲七大部分，爲保持概念上的完整性，每部分亦使用一章，專述一個主題；各章主題依次爲：

第二章：以西漢、東漢、魏晉、南北朝、隋、唐六個時期，彙整表列陰山戰爭 183 例，求取相關數據，並予分類統計，作爲本研究基本參考之用。

第三章：以中古時期陰山地略與戰爭之關係，及陰山各通道在戰爭中的地位爲主題，就陰山「地略」、「地障作戰」學理、及相關戰例之實徵狀況，分析說明其對不同方向大軍作戰之影響，另並考證古白道位置。

第四章：以游牧民族發動劫掠作戰之原因爲中心，就草原生態環境、社會文化、馬匹問題，分析其行爲模式和特質；並研究劫掠作戰對南方國防政策的影響，及領袖人物與游牧民族興衰之關係。

第五章：以兩漢中國統一時期的白登、河南、郅居水、稽落山、漢鮮等五次戰爭的背景、起因、經過與結果爲基礎，分析檢討漢朝先後與匈奴、鮮

卑的互動關係，及上述戰爭對兩漢北邊戰略環境變動與歷史發展之影響。

　　第六章：以魏、晉、南北朝中國分裂時期的前秦滅代、燕魏參合陂、栗水、白道（六鎮之亂）、突厥土門擊柔然等五次戰爭的背景、起因、經過與結果為基礎，分析檢討北中國在多元權力結構下，各方勢力之互動狀況，及上述戰爭對魏、晉、南北朝時期北邊戰略環境變動與歷史發展之影響。

　　第七章：以隋、唐中國統一時期的白道（隋擊突厥）、雁門、唐滅東突厥、諾真水等四次戰爭的背景、起因、經過與結果為基礎，分析檢討隋朝對突厥及唐朝對突厥、薛延陀、回紇之互動關係，及上述戰爭對隋、唐時期北邊戰略環境變動與歷史發展之影響。

　　第八章：由中古時期南方大軍從陰山渡漠攻擊游牧民族戰爭之特質、弱點與限制因素，就戰爭與權力關係之角度，檢討南方政府對漠北地區的經略得失。

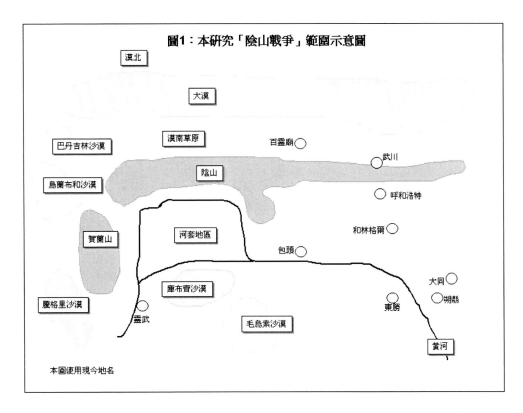

圖1：本研究「陰山戰爭」範圍示意圖

　　本研究既以陰山地區為中心，以戰爭為主題，故與陰山各通道有關的「跨地障作戰」及「作戰線」問題，就成了研究重點。現今的陰山地貌，已是牛山濯濯，植被大致以草本與灌木為主。但本研究斷限期間內並非如此，而是

「草木茂盛，多禽獸」〔註4〕與「深遠饒樹林」，〔註5〕亦即具有類似原始森林一般的生態環境。這種山地森林的地貌與遍佈野生動物的景象，至少應維持到明代晚期。〔註6〕因此，本研究斷限期間內，由於受到叢林及南側陡峻地形的影響，軍事上通過陰山的縱向運動，就必須依靠既有道路而難以越野。故在陰山山脈之中，一些沿著南北走向、寬窄不等、因天然斷層所形成的峽谷深塹兩旁蜿蜒而行的山路，就成了古時候縱貫陰山的通道，軍事上之地位因此而重要。中古時期，此等貫穿陰山、連絡山南平原與山北漠南草原的通道，其重要者，由東向西大致有白道（今內蒙呼和浩特北）、呼延谷道（或稱稒陽道，今內蒙固陽縣西）〔註7〕、高闕道（沿今內蒙烏拉特中旗什蘭計附近之狼山口而上）〔註8〕、雞鹿塞道（內蒙杭錦後旗太陽廟附近）〔註9〕等四條。為方便研究，各條通道南北延伸與作戰有關的軸線，筆者姑名其為「某某（道）作戰線」，以作本研究陰山戰爭分類之用（見圖2示意）。

〔註4〕 班固《漢書》，卷九十四下，〈匈奴傳第六十四下〉，頁3803。又，《魏書》，卷二十五，〈列傳第十三·長孫嵩傳〉，頁644載：「……校獵陰山，多殺禽獸，皮肉筋角，以充軍實，亦愈於破一小國。」；及同書卷四上，〈世祖紀第四上〉，頁72，載：「帝聞之，乃遣就陰山伐木大造攻具……」，亦可看出中古時期陰山之森林茂盛與野獸遍佈狀況。惟筆者曾於1998年6月走訪內蒙時，沿古白道現地觀察陰山地形與地貌，但所見只是一片草地矮樹，無復野生動物活動景象，與古時相較，生態環境已有極大改變。

〔註5〕 沈約《宋書》，卷九十五，〈列傳第五十五·索虜傳〉，頁2322。

〔註6〕 孫馳〈慶緣寺壁畫中的山林景物及其展現的明代陰山風貌〉，刊於《內蒙古文物考古》，1995年1～2月號，頁59。筆者按：慶緣寺位於今呼和浩特市北之攸攸鄉烏素村，東離白道不遠，為烏素圖召五寺之首，建成於明萬曆三十四年（1606），故壁畫中之陰山風貌，應是當時景象之寫實。

〔註7〕 概沿崑都崙河而上，即今包頭至白雲鄂博（貞觀四年唐軍擊滅東突厥頡利可汗處）鐵路線；有關中古時期附近交通地形狀況，可參嚴耕望《唐代交通圖考》，卷二，篇十五，〈唐通回紇三道〉，台北：中研院史語所專刊之83，民74年5月，頁608～13。

〔註8〕 陰山山脈在此處中斷為一大缺口；戰國時代「趙武靈王胡服騎射，北破林胡、樓煩，築長城，自代並陰山下，至高闕為塞。」即此地（見司馬遷《史記》，卷一百一十一，〈匈奴列傳第五十〉，頁2885）。高闕道概沿兩山缺口而上，出陰山後接驚鵜泉道（即參天可汗道），為唐時通回紇、點戛斯大道（見前引嚴耕望《唐代交通圖考》，第一卷，篇六，〈長安西北通靈州驛道及靈州四達交通線〉，頁209；卷二，篇十五，〈唐通回紇三道〉，頁608、614～15；及同書附圖十）。有關中古時期高闕附近山川形勢，可參閱酈道元《水經注》，卷三，〈河水注〉，芒干水條，上海：中華書局據長沙王氏合校本校刊，出版時間未載，頁9～10。

〔註9〕 有關雞鹿塞附近之交通地形狀況，可參閱李逸友《內蒙歷史名城》，篇4，〈朔方雞鹿塞〉，呼和浩特：1993年8月，頁39～42。

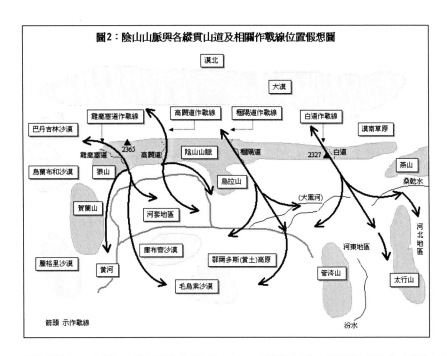

圖2：陰山山脈與各縱貫山道及相關作戰線位置假想圖

「作戰線」，係指大軍「戰略機動」時，所經地域交通網涵蓋之空間而言，概念上為一帶狀之「軸線」，可包括一條以上的「補給線」，其中主力兵團所使用之路線，稱為「前進軸線」。「作戰線」所涵蓋之幅員，概如圖3示意：

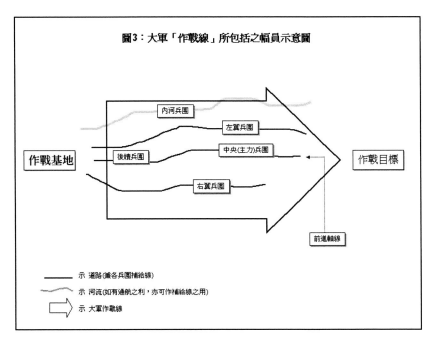

圖3：大軍「作戰線」所包括之幅員示意圖

第三節　研究方法

　　就內容之性質而言，本研究概包括兩大部分，一是對與中古時期陰山戰爭有關歷史背景之整理與描述，為基本史料之搜集、考證與運用問題，是整個研究之依據與基礎。另一是對戰爭及其相關議題之析論與檢討，屬各階層戰略與「戰場」用兵問題，是本研究之核心；而此前可供參考學習之研究先例不多。兩者之研究方法亦不同，概述如下：

一、史料之搜集、考證與運用方面

　　這個部分，筆者大致依循「廣搜史料」、「考證事實」與「稽論事理」之三段方法，以進行研究。〔註10〕

　　首先，對於史料之選擇，特別注意其原始性與權威性。除漢武帝時期（含）以前之事，取《史記》所載者為主外，其餘各朝代，均以使用當代正史與文獻內容為原則。若原始史料不存在，或其對某一事件之記述過於簡略，不能滿足研究需求時，始擷《資治通鑑》等轉手史料所載者，或引用他人研究所見。此外，亦避免以孤證論事，對於一些缺乏直接證據的事件，則嘗試以旁證方式推論，或以舉反證方式，由果推因，力求獲得較正確之結論。

　　復因史料對同一事件常有不同之記述，筆者又在研究過程中，不斷對同源與異源之相關史料進行比較，以辨其謬誤，釐清真相。若發現所載不同，即先論證以確定事實，再行分析解釋其謬異原因，俾求其真。同一史料中，亦屢見對某事之記載，紀傳相異，或諱之於本紀，卻散見於相關人物列傳之中。類此狀況，筆者均詳予考辨。而《通鑑》為極有價值的轉手史料，其編年記事方式較為完整與有系統，可助旁證某事與對某一正史散記狀況之瞭解，與正史對照，能收參伍異同，用相徵驗之效，亦為重要參考資料。

　　此外，本研究也使用了一些所謂「地下史料」之考古資料。以此與史書代表的所謂「紙上史料」相比，是絕對的異源，但卻是歷史真相的最直接證明，可印證亦可否定「紙上史料」，為本研究輔助資料之一；此即「二重研究法」。

―――――――――――――――

〔註10〕此「三段法」是雷家驥師評論《史記》為「實錄史學」時，認為司馬遷所用以論述歷史之方法。見氏著《中古史學觀念史》，台北：台灣學生書局，民79年10月，頁3及697。

二、戰爭及與戰爭有關議題方面

（一）製作「戰爭表」法

本研究既以析論中古時期之陰山戰爭及其影響爲主要目的，故如何搜列本時期繁複多元之陰山戰爭，並予分類，以利運用，應爲本研究之基礎工作。因此，筆者除從相關史料中耙梳戰爭資料，且赴現地觀察，瞭解作戰地區地形特性外，並效司馬光作「叢目」、「長編」之法，先完成中古各時期「陰山地區戰爭表」之調製，收錄戰爭凡 183 例，並考其作戰時間（包括季節）、戰爭原因、地點、兵力、經過、結果，統計相關數據，以作後論參考引證之用。

而爲研究各有關議題，筆者又以「陰山地區戰爭表」爲基礎，再製作「中古時期陰山各作戰線戰爭統計表」、「中古時期通過陰山各道戰爭統計表」、「漢武帝時期匈奴掠邊事件一覽表」、「北魏時期柔然掠邊事件一覽表」、「中古時期南方政府由陰山渡漠戰爭一覽表」等附表，以作進一步研究之依據。而諸表之製作，亦使本研究能在統計之基礎上獲取結論，較爲符合科學原則。

（二）調製要圖法

根據筆者經驗，調製要圖應是研究戰爭最基本之步驟與方法。本研究調製要圖之目的有二：一是圖示地形或圖解狀況，以補文字敘述之可能不足；一是使作戰相關之力、空、時因素與作戰地區地形（地理）相結合，明示交戰雙方之「戰爭指導」、「戰略判斷」、「戰略構想」、兵力部署、行動概要與（或）「戰略態勢」，以作瞭解戰爭與進一步分析戰爭之依據。本方法之要領，係針對戰爭個案，或與本研究有關之戰略「決心」、戰略環境變動等狀況，就史料所顯示之兵力、兵力位置，及其他相關動、靜態資料，結合地形，調製示意圖，使作戰態勢一目瞭然，以利於研究過程中對戰略、戰術課題之分析評論。此外，筆者又依需要，針對相關狀況，繪製作戰地區地形、地略特性要圖，並假想狀況示意圖，解析「補給線作戰」、「內線作戰」、「外線作戰」、「地障作戰」及「角形基地」等野戰用兵學理，尤其是「跨地障作戰」之各種狀況與行動要領，以作爲驗證與檢討陰山戰爭之理論根據。

（三）歸納法

本研究方法，主要使用於同時期或不同時期戰爭、或與戰爭相關事件之同質性和特殊性歸納上。如：以「中古各時期陰山地區戰爭表」，歸納各朝代

陰山戰爭之交戰對象、經過各軍道及作戰線狀況，分析比較陰山各軍道之重要性及其戰略地位之變動。以漢武帝與北魏時期之匈奴與柔然略邊事件，歸納游牧民族劫掠作戰之大致季節、地區、目的與行動指導。以南方國力最強大的秦始皇、漢武帝、北魏與楊隋四朝，歸納其大規模修建長城之時機，瞭解中古時期南方政府在北邊國防上的保守心態。從匈奴、鮮卑、柔然、突厥、薛延陀與回紇之劫掠作戰特質，歸納領袖人物在草原游牧民族興衰上所居之地位。以兩漢、北魏、唐朝出擊漠北之 25 次作戰戰例，歸納中古時期南方大軍渡漠作戰之特質、類型與影響因素。

（四）比較法

除了對史料的內考證與外考證外，筆者亦以比較方法，用於對不同時期與戰爭有關之相同類型事物對照研究上，藉以進一步瞭解其歷史價值、現象或意義，並檢討評論某些決策、作為之利弊得失。例如：比較白道、稒陽、高闕、雞鹿塞四道之地緣位置、機動空間、戰爭次數與作戰發展狀況，以論其戰略價值，並觀察中古時期北邊戰略環境與歷史因此而變動發展之情形。比較由歸納方法所得之匈奴與柔然劫掠作戰特質，瞭解中古時期北方草原游牧民族略邊行為模式之常變概況。比較漢武帝與唐太宗時期之渡漠戰爭，析論兩大帝國對漠北經略之得失，並檢討戰爭和權力之互動關係。

（五）綜合法

綜合方法之積極意義，在於由博覽而通觀。亦即將前述對戰爭史料、事理之歸納、比較所得，藉綜合而發揮之，以達創造新見之目的。本研究中，筆者即以透過此一過程之分析、比較、歸納所得結論，評論陳寅恪之「外族盛衰連環性」觀點，與馬長壽所謂突厥反抗柔然是「鍛工起義」說法。同時亦以此研究方法，發現游牧民族飄忽劫掠是造成中古時期南方政府在北邊採取守勢之主因、陰山與白道之地緣特性較有利於由南向北之作戰、戰爭有「累積影響效應」與軍隊心理失衡時易產生「戰場骨牌效應」等事實與現象。

此外，本研究既以陰山地區戰爭為主題，又以探討陰山戰爭對中古時期北邊戰略環境變動與歷史發展影響為研究目的，故其基礎應建立在對戰爭之析論上。但中古時期陰山戰爭繁多，亦非全然重要，甚至有些並無意義，為達研究目的，除第二章「陰山地區戰爭表」所列的普遍性戰例外，筆者又在第五至七章中，分別選取了關鍵戰爭 14 例，概依其背景、起因、經過、結

果之思維程序，針對研究目的，詳加分析，一方面落實相關戰爭之個案研究，另一方面也藉此連貫中古時期北邊戰略環境變動與歷史發展之脈動。筆者在本研究中對戰爭之分析方法，大致是依過程的先後順序，區分戰爭為前、中、後三個階段行之，而其中又以「戰後分析」最為重要；其要領概略如下：

1. 作戰前分析

為全盤瞭解戰爭，應先概依戰前之歷史背景、戰略環境、「戰場經營」、戰備「整備」、交戰雙方力量、戰爭特性與目的、軍隊特點與弱點等狀況，作軍事與國家戰略以上層次之態勢分析。其次，須再就雙方之兵力數量與位置、時間與空間、補給線與「持續戰力」、「統合戰力」與機動能力、作戰地區天候地形特性等條件，作野戰戰略階層之態勢分析。分析之結論，可作評論雙方後續作為時之參考或依據。此外，在歷史條件模塑與戰略環境影響下，戰爭的發生與角色扮演，也是本階段分析之重點事項。

2. 作戰中分析

本階段之析論，概以交戰雙方軍事戰略與野戰用兵作為為主。為瞭解雙方軍隊之戰力、作戰效能、精神意志，與戰場指揮官之「會戰」指導（應包括「會戰地」選定、用兵構想、指揮掌握、戰術作為等內容）等狀況，概於雙方交戰時之「攻擊」、「防禦」、「遭遇」、「追擊」、「退卻」等作戰過程中，針對目的、兵力、時間、作戰地區與作戰手段等問題，隨時分析兩軍之野戰戰略與戰術行動，及其對戰局之影響，以檢討評論雙方用兵之正誤得失。

3. 作戰後分析

戰爭結束後，為瞭解戰勝一方達成戰爭目的程度、處理戰果方式、戰後經略手段，與戰敗一方之損失、恢復或調適等狀況，以戰爭與權力關係為核心，概就大戰略、國家戰略、與政治、經濟、心理、軍事戰略等層次，分析其對戰略環境變動與歷史發展之影響。本階段分析之主要目的，在瞭解戰爭如何創造、影響歷史？及歷史如何影響戰爭之交替循環發展？也是整個戰爭分析之最重要部分。

上述研究方法，在時間與過程上包括戰爭前、中、後等階段，在作為上連貫大戰略、國家戰略、軍事戰略、野戰戰略與戰術等層次，在領域上涵蓋政治、經濟、心理、軍事等範疇，應為研究戰爭較為周延與有效之途徑，筆者姑稱其為「戰爭研究法」。

第四節　現有研究成果與本研究之特點

　　本論文在性質上，屬於中古時期陰山地區通史性之戰爭研究，目前在兵學界與歷史界，尚是無人探討之陌生領域，故亦無相關性質與內容之有系統文獻可供參考，增添研究困難，但此亦使筆者擁有較寬廣的想像、嘗試與發揮空間。戰爭既為一複雜之互動行為，因此本研究之內容，除包括以正史為主之戰爭史料，與兵學學理上之戰略、戰術及內線、外線、補給線、地障等作戰問題外，亦廣泛涉及政治、社會、經濟、文化、心理、地理、民族、軍制等領域。為達研究目的，筆者也在重建、分析、解釋與檢討戰爭之過程中，大量使用台灣、大陸、香港、日本與歐美之現有相關研究成果，以增強本研究各議題之實證與理論基礎；這些論作與資料概有：〔註11〕

一、兵學理論方面

　　近世以來，隨著戰略環境變遷、軍事科技發達、武器裝備日新、戰術戰法改變，雖然戰爭型態不斷演進，但其基本原則與學理，卻是不變的。此方面，筆者概以參考蔣中正總統（審定）《戰爭原則釋義》，范健《大軍統帥之理論與例證》（國防部印），三軍大學戰爭學院《大軍指揮要則》及野戰戰略教案一、二、三部（未出版），國防部《國軍統帥綱領》及《國軍軍事思想》，陸軍總部《陸軍作戰要綱》為主。筆者亦參考西方戰略理論，主要有克勞塞維茲（Von Clausewitz Karl）之"On War"，約米尼（Jomini）之"Summary of the Art of War"，老毛奇（Moltke）之"On Strategy"〔註12〕等。

二、歷史地理方面

　　用兵不離地形，地形包括山系、水系、地障、「交通線」、「地形要點」、「戰略要域」等項目，為戰爭研究之基礎。本研究中，相關中古地名之考證、歷史沿革、交通狀況、里程數目等，以參考嚴耕望《唐代交通圖考》為主。調製作戰要圖時，各種界線、古今地理位置對照等，則以參考譚其驤《中國歷

〔註11〕　本節所列舉之文獻與論著，除須特別說明，或立即引用有關文字者，方於注腳說明出處外，餘均不予加注，其版本見於各相關章節引注，及篇後〈參考資料〉所列。

〔註12〕　此為毛奇於 1971「普法戰爭」後所作，現已為後人收入其全集之中。見鈕先鍾師《西方戰略思想史》，台北：麥田出版，民 84 年，頁 300。

史地理圖集》為主。至於日人前田正名，亦有〈白道の重要性〉及〈北魏平城時代のォルドス沙漠南緣路〉等陰山地區歷史地理著作，但其資料均取自中國古籍，不脫嚴、譚兩書範疇，僅作為補助參考資料。

三、游牧民族專史方面

　　游牧民族在中古時期之陰山戰爭中扮演重要角色，有關資料來源，除取自正史外，亦使用今（近）人相關民族史專著，主要有：林幹《匈奴通史》，左文舉《匈奴史》，林幹、再思《東胡烏桓鮮卑研究與附論》，馬長壽《北狄與匈奴》、《烏桓與鮮卑》與《突厥人與突厥汗國》，林恩顯《突厥研究》，劉義棠《回突研究》，沙畹（E. Chavannes）《西突厥史料》等。此外，Friedrich Hirth《窩爾迦河的匈人與匈奴》與 Otto J. Maenchen-Helfen《匈人歷史與文化》兩書，對匈奴人西遷後在歐洲之歷史，考證與記述詳細，為研究游牧民族生活型態及漢匈戰爭影響時之參考資料。日人內田吟風《北アジア史研究——鮮卑、柔然、突厥篇》，對五胡政權亦有考證與論述，尤其柔然部分，筆者用於與前述游牧民族專史對照比較。

四、游牧民族生活與社會文化方面

　　生活與文化亦為影響戰爭之重要因素。有關中古時期北方游牧民族在這方面之狀況，除正史與前述專史之記載外，札奇斯欽《蒙古文化與社會》與《北亞游牧民族與中原農業民族間的和平戰爭與貿易之關係》，曾對農牧兩大民族和戰互動關係，及游牧民族之「劫掠」問題，作深入與有系統析論，為筆者主要參考資料。此外，文崇一〈漢代匈奴人的社會組織與文化型態〉，論匈奴人畜牧與狩獵之生活型態。謝劍〈匈奴社會組織的初步研究〉，研究匈奴人之社會組織，包括親族組織與政治制度的關係，氏族的內外部結構與繁衍，婚姻人口與家族類型等。蕭啟慶〈北亞游牧民族南侵各種原因檢討〉，認為「掠奪」是游牧社會最受歡迎的一種生產方式。金發根〈東漢至西晉初期中國境內游牧民族的活動〉，就兩漢征伐游牧民族之邊疆政策，東漢中葉以降之邊患，及漢末至三國時期匈奴、鮮卑、烏桓、西羌等民族之內徙和分布，作整體性之分析敘述討論。其論點與研究成果，也都是筆者在研究相關問題時之重要參考資料。

五、戰略情勢分析與權力變動、運用方面

戰略情勢和權力之變動、運用，與戰爭具有互動之因果關係，是分析戰前態勢與檢討戰後影響之基礎。筆者主要參考之研究成果概有：管東貴〈漢初經略北疆的國力結構〉，論漢初之國力成長、結構及對北疆之經營。雷家驥師近年來所發表之一系列五胡史論文，析論自匈奴分裂至前後秦興亡，北中國權力結構之變動；〔註13〕另，《隋唐中央權力結構及其演進》，有專章論唐朝軍事政策與國防體制之奠定與發展問題；及〈從戰略發展看唐朝節度體制的創建〉，論唐朝開國戰略、北邊大戰略之建立與實施、新國防軍事體系（軍鎮制度）之建立。日人松永雅生〈北魏太祖之離散諸部〉、古賀昭岑〈關於北魏的部落解散〉及川本芳昭〈北魏太祖的部落解散與高祖的部落解散〉，專論北魏建國初期對部落之打破與解散。毛漢光師〈北魏東魏北齊之核心集團與核心區〉、〈中古核心區核心集團之轉移〉，論中古時期以平城為核心之拓跋鮮卑統治階層，轉移至以關隴為核心之宇文鮮卑統治階層的過程。侯守潔〈隋文帝離間政策對突厥分裂的影響〉，論隋初對突厥之分化政策及其成果。康樂〈唐代前期的邊防〉及孟彥弘〈唐前期的兵制與邊防〉，分析邊防與兵制是初唐武功鼎盛之重要因素，但邊防策略之缺失，及邊防軍之演變，也是安史亂後北邊防務日漸瓦解的原因。田村實造〈游牧王國の發展と衰亡〉，從「征服王朝」權力觀點，論游牧國家之興衰；及〈唐帝國的世界性〉，論唐朝在當時國際系統中的角色與地位。

此外，東漢時期西羌叛亂問題嚴重，間接影響陰山地區之戰略環境，為研究陰山戰爭必須考量之變數。關錯曾〈兩漢的羌族〉及管東貴〈漢代處理羌族問題的辦法的檢討〉，專論羌亂由來、兩漢禦羌策略、東漢對羌用兵挫敗原因探討，筆者亦加參考。

六、體制與制度方面

體制與制度，屬於軍事戰略以上層次之範疇，對戰爭產生指導與模塑作用，是國力之無形要素。筆者在這方面之參考資料，主要有：王家儉〈鼂錯

〔註13〕雷家驥師之五胡史論文有：〈從漢匈關係的演變略論屠各集團復國的問題〉、〈漢趙國策及其一國兩制下的單于制〉、〈後趙的文化適應及其兩制統治〉、〈慕容燕的漢化統治與適應〉、〈氐羌種姓文化及其與秦漢魏晉的關係〉、〈漢趙時期氐羌的東遷與返還建國〉、〈前後秦的文化、國體、政策與其興亡的關係〉等，其版本詳相關章節注腳與篇後〈參考資料〉。

籌邊策形成的時代和歷史意義〉，論漢初漢匈兩國之對立局勢，及北邊之守勢國防策略。管東貴〈漢代的屯田與開邊〉，論漢初在北邊（包括陰山以南的河套地區）屯田，以防禦匈奴攻擊之構想出自鼂錯，但發展成為制度，則在武帝時期。謝劍〈匈奴政治制度的研究〉，論匈奴政治制度，主題為「官制與政體」與「國家形式」兩大部分，其在「國家形式」中，並論及「領袖制度」。雷家驥師〈趙漢國策及其一國兩制下的單于體制〉，以趙漢為例，論五胡時期北中國之胡人國家君主，欲兼胡漢兩民族最高主宰於一身，乃在一國之內同時實施胡漢兩種政治體制，以分治不同生活型態人民的「內政」制度設計。岑仲勉《府兵制度研究》、谷霽光《府兵制度考釋》及陳寅恪〈府兵制前期史料試釋〉，皆論「府兵制度」之考證、建立演變與發展始末。羅香林〈唐代天可汗制度考〉，論天可汗制度之職權功能與興衰變化。章群《唐代蕃將研究》，有論由唐朝諸鄰國家對唐朝皇帝之稱呼方式，區分「可汗稱謂系統」與「非可汗稱謂系統」兩類國家，以考證唐朝「皇帝天可汗」體制之運作範圍。

七、馬匹問題方面

在機械動力車輛未發明前，馬是戰爭中最重要的機動、運輸、打擊工具，尤其當農牧民族間「劫掠」與「反劫掠」作戰之時，為本研究基本探討問題之一。關於中古時期陰山戰爭中馬的問題，筆者概參考：史念海等〈關隴地區的生態環境與關隴集團的建立與鞏固〉，總論中古時期之馬政與關隴、黃土高原之養馬狀況。昌彼得〈西漢的馬政〉，研究文、景、武、昭四帝時期之馬政及養馬狀況，並以戰爭較多的武帝時期為重點。李樹桐〈唐代的軍事與馬〉，論唐朝之馬政與養馬。宋常廉〈唐代的馬政〉，則論安史亂後，唐朝喪失養馬地區，對國勢之影響。札奇斯欽〈對「回紇馬」問題的一個看法〉，從唐朝向回紇買馬狀況，看安史亂後唐與回紇間之和戰、貿易關係。

八、人口問題方面

人口是國力有形要素之一。中國正史對戶口數之記載，首見於《漢書‧地理志》漢平帝元始二年（2）之全國人口統計資料，其後遂成史書不可或缺部分。梁方仲《中國歷代戶口、田地、田賦統計》，即根據正史所載，加以有系統整理，為本研究中有關人口問題之主要對照參考資料。惟平帝以前之人口狀況，史籍無載；葛劍雄《西漢人口地理》綜合考察西漢期間人口平均增

長率，估計當時之人口數目。管東貴〈戰國至漢初的人口變遷〉，則應用中國歷史上幾次改朝換代，導致人口急降之狀況，推斷戰國中葉至漢初之人口變化，供筆者比對。又，東漢末年至南北朝時期之胡人大量內徙，並紛紛在北中國建立政權，是中古時期北邊戰略環境變動與歷史發展的重要影響因素，亦為筆者在本研究所關注之問題。田村實造《中國史上の民族移動期──五胡‧北魏時代の政治と社會》，析論自南匈奴開始的五胡移動；雷家驥師〈從漢匈關係的演變略論屠各集團復國的問題〉，亦論及南匈奴之人口流動。有關隋唐時期之人口變動，有凍國棟《唐代人口問題》及費省《唐代人口地理》兩本專論，皆為筆者重要參考資料。

九、思想、觀念與理論方面

本研究所引用之思想、觀念與理論，概有：陳寅恪〈統治階段之氏族及其升降〉中之「關隴理論」；及〈外族盛衰之連環性及外患與內政之關係〉中之「一族之崛起或強大可導致另一族之滅亡或衰弱」論點。毛漢光師〈晉隋之際河東地區與河東大族〉中之「汾河南線」觀念。雷家驥師〈從戰略發展看唐朝節度體制的創建〉中之唐朝「國外決戰、遠程防禦」戰略思想。F. J. Turner "The Significance of the Frontier in American History"中以社會經濟發展為主軸之「邊疆史觀」。日人村上正二〈征服王朝〉，緣自美國學者 K.A.Wittfogel "History of Chinese Society"之「征服王朝」與「滲透王朝」理論。David Easton "A Framework for Political Analysis"之「政治系統」(the Political System) 理論。J. David Singer "Inter-Nation Influence：A Formal Model"之「影響」與「反影響」理論。Rosen，steven J.與 Walter S. Jones "The Logic of International Relations"之「戰爭發生原因」看法等。

十、戰爭方面

學術論作有傅樂成之《中國戰爭史論集》，但其僅從政治觀點分析檢討中國歷史上的重要戰爭，未論及軍事上戰略、戰術及陰山地略問題，可供本研究參考處甚微。其他有關中國戰爭史之專書，大陸與台灣出版甚多，但均屬史料堆砌性質，恐不能稱之為學術論著，故除古今地名對照外，其餘內容亦無法為本研究所引用。茲舉其中較重要者，概說明如下：

（一）軍事博物館出版之《中國戰典》（大陸）

分上、下兩冊，為一部以中國戰爭史為綱，按時間先後順利排列，依一戰爭一條目之原則，概書中國歷代戰爭史知識的「大型辭書」。書中所述內容，不引出處，僅作史料排比。其最大特點，在於巨細靡遺地收錄了中國歷史上的所有大小戰爭，並扼要評論。其在古地名之後，大多加註今名，是本研究歷史地理部分參考對照資料之一。

（二）解放軍出版社之《中國軍事史》（大陸）

其《第二卷・兵略》，專集戰爭。全書分上、下兩冊，以三十六個專題、一專題一戰爭之原則，互不關連，依序載述先秦至清末戰爭。史料來源僅擇要簡單引注，並未注意其原始性與權威性，為一置重點於探討關鍵戰役之戰略方針、指導措施、戰略態勢、得失檢討，並簡述歷代軍事戰略之特點與發展，屬於個案研究型之純軍事性著作。

（三）軍事科學出版社之《中國古代戰爭史》（大陸）

為《中國軍事百科全書》的「軍事歷史」部分（全書計有軍事思想、軍事學術、軍隊政治工作、軍事後勤、軍事技術、軍事歷史、軍事地理等七個門類）。將中古時期以前之中國戰爭歷史，區分「先秦、秦漢、三國」和「兩晉、南北朝、隋唐」兩分冊，以一條目一戰例之原則，依時序敘述，互不相連，未注出處，但加簡評，為一介紹軍事一般概念之「工具書籍」。

（四）武國卿之《中國戰爭史》（大陸）

區分上古西周、春秋戰國、秦及楚漢相爭、兩漢、三國、兩晉、南北朝、隋、唐以至民國初年等十九個時期，對主要戰爭分卷立冊敘述，並略論相關背景、軍制、兵學、地理與人物等，亦是一部以個案方式，互不關連，置論述重點於戰爭起因、戰前態勢、雙方用兵作為、作戰經過、結果之軍事層面的中國戰爭通史。此外，本書歷二十五年而完成，堪稱嘔心瀝血之作，但在引證史料上，則有重大缺失。以其第十二卷第五章第三節「燕擊北魏參和陂之戰」為例，武書幾乎全引轉手史料之《通鑑》，卻忽略參考第一手史料之《魏書》，及其他早於《通鑑》之相關史料。〔註14〕不過，武書亦如《中國戰典》，在古地名之後加注今名，提供筆者在歷史地理上對照考證之便利，有工具書功能。

〔註14〕武國卿《中國戰爭史》（冊五），北京：金城出版社，1992 年 8 月，頁 213～18。

（五）李震等人編輯之《中國歷代戰爭史》（台灣）

概以一卷一朝代（時期）、一章一戰爭（包括數個相關連之戰爭或戰役）之原則，廣羅中國歷代戰爭而論述之，性質上仍屬戰爭通史類著作。每卷之第一章，均先概略分析該朝代（時期）之環境背景、政治、經濟、社會、文化、軍備及戰略、戰術思想狀況。每一戰爭，大致按戰前一般形勢、戰場地理、戰爭方略、作戰經過、戰後政局、申論、附作戰要圖之模式撰寫，為其一大特點。但全書並無理論架構，亦無中心議題，堆砌史料而已；所引資料，多未注其出處，而雖注出處，但引用不當或考證錯誤者，更是屢見。故作為軍事幹部之「軍官團」進修資料尚可，若稱其為學術著作，則恐顯不足。

以其第十卷第三章第三款北魏始光二年、神䴥（麚）二年、太延四年、太平眞君四年及十年太武帝拓跋燾越漠攻擊柔然之五次戰爭為例，李書曾引用大量史料，但出處僅只注記《魏書‧崔浩傳》兩次，而《魏書》中與戰爭最有直接關連之當事者紀傳，如〈世祖紀〉、〈蠕蠕傳〉等，居然略而不提。錯誤部分，則主要是指歷史地理與歷史事實兩方面。前者如當時柔然可汗庭在今外蒙哈爾和林西，栗水即今外蒙翁金河，己尼坡（北海）為今西伯利亞貝加爾湖，皆位於漠北；而李書卻認為柔然庭與栗水在民國時期綏遠省（現已併入內蒙自治區）境內之烏拉特後旗北，而己尼坡則在民國時期察哈爾省（現亦已併入內蒙自治區）境內之多倫縣西北，俱位於漠南，誤差大矣。

後者如李書所曰「正光二年（521）柔然降魏，分其國為二部，柔然遂滅」；筆者按，柔然是北齊天寶三年（552）敗於突厥後才逐漸衰亡，上述五次渡漠作戰，北魏並未能創造「決戰」與「殲滅」效果，而柔然在正光五年（524）猶出兵十萬助北魏平「六鎮之亂」，可見李書所述顯與史實不符。又其在「戰後政局」中評曰：「魏太武帝……第六年（429）伐柔然，幾滅之」；〔註15〕吾人觀察其後柔然仍不斷掠邊行動，並曾於太延五年攻入平城以西地區，可見李書所謂「幾滅之」，實是偏離事實、毫無根據之語。

（六）李則芬《中外戰爭全史》（台灣）

為概括性之戰爭通史（一至三冊），包括中外戰爭，惟亦屬通論性，僅可作為一般參考之用，不再贅述。

由以上說明概可看出，目前有關中國戰爭史方面的論作或專書，尚無以中

〔註15〕以上所引李書部分，見三軍大學（李震主編）《中國歷代戰爭史》（第六冊），台北：黎明文化事業公司，民80年1月，頁113～20。

古時期陰山地區戰爭爲研究對象之學術論著出現，亦未見專論「地障作戰」、游牧民族「劫掠作戰」及中國南方政府「渡漠作戰」者。因此，就研究內容、性質與研究方法而言，本文可能都是一次創新的嘗試。本研究之特點概有：

一、以陰山爲核心，盡羅戰例凡 183，對中古時期北邊戰爭作普遍（非取樣性）之分類與研究。

二、以統計方式，證明白道是中古時期陰山最重要之軍道。

三、以「地障作戰」觀點，論陰山之歷史地緣與其上各軍道之戰略關連性，並圖解比較中古時期陰山地區南北作戰線之利害。

四、以匈奴與柔然之劫掠作戰數據，分析北方游牧民族戰爭之特質、影響因素及興衰原因，並論其劫掠作戰與南方訂定國防政策之互動關係。

五、以中古時期 14 場陰山地區關鍵戰爭爲基礎，就大戰略、國家戰略、軍事戰略、野戰戰略及戰術觀點，析論戰爭對北邊戰略環境變動與歷史發展之影響。每一戰爭，均附一幅以上之狀況或作戰經過要圖，以補助說明。

六、以中古時期南方政府渡漠作戰 30 戰例爲基礎，分析其作戰特質與影響作戰因素。並就戰爭與權力之關係，評論兩漢、北魏與唐朝各時期對漠北地區經略之得失。

第五節　研究限制

本研究之基礎，建立在對中古時期陰山地區戰爭之分析上，然歷來中國史家似乎並不十分重視戰史的敘述與重建，這是本研究的主要限制因素。現存中古史料雖然尚稱豐富，惟戰爭部分並不完整，尤其對研究戰史必須具備之兵力、兵力位置、雙方作戰構想、決心與指導等要件，少見有系統載述，留下甚大之模糊空間，研究時只有根據狀況，加以推斷，在在形成研究上的困難。及至杜佑之撰《通典》，始有以記述行軍、戰術與後勤問題之〈兵典〉之出現；後有歐陽脩之修《新唐書》，正史中方首見〈兵志〉，但仍偏重於軍事制度方面。

史家之中，雖亦不乏具軍事素養而注重描述戰爭者，如司馬遷之擅寫漢匈戰爭的戰場景況與戰鬥氣氛，但這或是因其曾到過北邊，並自「直道」歸，瞭解漢匈陰山戰場狀況之緣故。范曄在《後漢書》中，曾對東漢和帝永元元

年（89）竇憲出陰山擊北匈奴之戰，有較詳盡之描述，那是因班固曾隨竇憲出征，參與該戰爭的全過程，並作〈燕然山碑〉，留下珍貴第一手史料的原因。

吾人可以說，有此機運與史識之史家，算得上鳳毛麟角。而司馬光在《通鑑》中，生動表達戰爭發生、戰略指導、戰鬥過程與戰果處理，則可謂異數。戰史研究之不易，大體如此。不過，先秦及中古兵書，如《孫臏兵法》〔註16〕、《孫子兵法》、《吳子》、《六韜》、《淮南子》、《黃石公三略》、《尉繚子》與《唐太宗李衛公問對》等，均有專論當時作戰實務之篇章，或可彌補若干正史相關資料之不足，亦是筆者參考資料之一。

「歷史地理」資料的缺乏，是本研究之另一限制因素。用兵不離地形，而地形具有可變性，其上之生態環境及天然或人為之地貌、**地物**變動，則更頻繁多樣，故雖有嚴耕望《唐代交通圖考》可供參考，但本研究斷限過長，故仍有不符需求之感。中國正史中，「歷史地理」的記述，始於《漢書·地理志》，惟以記載郡國「沿革」為主，似對戰爭研究助益不大。

《漢書》影響深遠，其後所謂紀傳體的正史中，凡與地理有關者，不論〈郡國志〉、〈地理志〉、〈地形志〉、〈州郡志〉，名稱或稍有差異，惟莫不祖紹班書，竟述其沿革而已。〔註17〕

北魏酈道元，以實地「訪瀆搜渠」為基礎而注《水經》，成其千古絕作《水經注》，是中古歷史地理珍貴的第一手史料，但北方戰爭以陸戰為主，惟其對本研究最需要之陸路交通，則較少記載。其後李吉甫《元和郡縣圖志》、樂史《太平寰宇記》、王應麟《通鑑地理通識》、岳璘《大元一統志》（已佚）、清嘉慶《大清一統志》、胡林翼《讀史兵略》、顧祖禹《讀史方輿記要》等歷史地理書籍，雖然莫不網羅天下山川、古蹟、形勢、人物、風俗、土產，但仍置重點於沿革，不能免俗。〔註18〕凡此，皆為本研究之限制因素，筆者除以現地觀察方法補

〔註16〕孫臏是戰國時期的著名軍事家，吾人由《呂氏春秋·不二》、《史記·太史公自序》、《史記·孫子吳起列傳》、《漢書·藝文志》等古籍所載，知其曾有兵法傳世，惟自《隋書·經籍志》始，遂不見有關《孫臏兵法》之記載；1972年大陸考古學家在山東臨沂銀雀山漢墓出土的大批竹簡中，發現了有關《孫臏兵法》的部分章節內容，使人們得以重見此一失傳已久之上古兵書。見李均明《孫臏兵法譯注》，石家莊：河北人民出版社，1995年4月，〈前言〉。

〔註17〕史念海〈沿革地理學的肇始和發展〉，頁13～18，收入《河山集》（六），太原：山西人民出版社，1997年12月。

〔註18〕史念海〈中國歷史地理學的淵源和發展〉，頁1～55，收入《河山集》（六），太原：山西人民出版社，1997年12月。

其不足外，也只有在史書中細心耙梳、論證，力求重建當時地理景況。

此外，本研究內容相當比率與北方草原游牧民族的互動有關，但所得有關游牧民族之史料，卻幾乎完全來自漢文史籍，缺乏異源史料可供徵驗，亦是本研究感到不足之處。中古以前，北方游牧民族逐水草而居，沒有時間與條件用於文化建設；因無文字，故無法記述其本族歷史，因此吾人現今所有之游牧民族歷史，都是經由漢文史書記載而流傳者。但後者之記述，又往往受到複雜的民族感情因素影響，損及歷史的本來面目；吾人若以此單方面的史料，作為研究中古時期北邊問題之唯一證據，則恐會偏離價值中立原則而不自知，這是本研究過程中特別須要小心驗證的地方。

不過，缺乏異源外國史料，似乎也是各國研究中古時期中亞草原游牧民族時，所面臨的共同難題。法國漢學家莫尼克・瑪雅爾（Monique Maillard），在論及匈奴時期之吐魯番地區歷史時，就很感慨地說：「現在能夠對此作出的判斷，因為我們唯一的史料都是由漢文編年史所組成。」〔註 19〕西方著名的《斯坦因西域考古記》，其有關北亞游牧民族歷史部分，亦以漢文史料為依據。〔註 20〕中古後期興起於阿爾泰山一帶之突厥人，雖是中國古代游牧民族中第一個擁有自己文字者，〔註 21〕但目前西方漢學界對古突厥文之研究猶在起步，現存第一手史料極為有限，僅為若干出土碑銘，〔註 22〕對本研究毫無助益。

〔註 19〕莫尼克・瑪雅爾（Monique Maillard）原著（1973），耿昇譯《古代高昌王國物質文明史》，北京：中華書局，1995 年 3 月，頁 39。

〔註 20〕Sir. Aurel Stein，"*On Ancient Central –Asian Tracks*"。向達譯《斯坦因西域考古記》，台北：中華書局，民 63 年 3 月。

〔註 21〕匈奴人無文書（見《史記》，卷一百十，〈匈奴列傳第五十〉，頁 2879），南邊後採用漢文，西邊則改採羅馬文，但亦僅限於上層社會。突厥人初亦無文字，以刻木記事，後來借粟特字母創造突厥文，根據 1884 年芬蘭人阿斯培林之研究，當時的突厥文字，大約由 38～40 個符號組成，從右向左書寫；回教興起後，因受其影響，又改用阿拉伯字母拼寫突厥語。見項世英等《中亞：馬背上的文化》，杭州：浙江人民出版社，1993 年 10 月，頁 13，194～96。

〔註 22〕近年出土之古突厥文碑銘約有：闕特勤碑、苾伽可汗碑（1889 年，俄人亞德林采夫在鄂爾渾河流域之和碩柴達木湖畔發現）、暾欲谷碑（1897 年，俄人克列門茨夫婦在土拉河流域之巴音朝克圖發現）、翁金碑（1891 年，俄人亞德林采夫在翁金河畔發現）、闕利啜碑（1912 年，波蘭人閻特維奇在烏蘭巴托南方之依赫和碩特發現）、崔林碑（1971 年，外蒙在烏蘭巴托東南 180 公里之崔林驛站發現）等；見前引項世英《中亞：馬背上的文化》，頁 197～99；及耿世民〈古代突厥文碑銘述略〉，收入《突厥與回紇歷史論文選集》，上冊，烏魯木齊：新疆人民出版社，出版時間不詳，頁 566～81。

　　而於公元1070～71年間，以阿拉伯文寫成，被視為研究突厥民族最重要文獻之《突厥語大詞典》，作者以其遊歷所見，描寫當時中亞地區各民族之歷史、地理、政治、經濟、生活與文化；〔註23〕因超越本研究時空，也僅有一小部分有關草原民族共同特性者，可作本研究之參考。此外，前述《西突厥史料》內容，亦以轉引《新唐書》、《舊唐書》與《冊府元龜》等三種漢文史書為主。關於上述這些北方草原游牧民族史料的問題，筆者惟期客觀，隨時掌握價值中立原則，務使所受限制降至最低。

第六節　凡　例

一、文字部分

（一）以作戰線方向為基準之稱呼

　　中古時期，中原離合相繼，因北方草原游牧民族向農業地區發展所造成的角色轉變，使傳統中國之涵義，出現概念上的模糊，對本研究中與陰山戰爭相關之拓跋代、後燕、北魏、北齊、北周等北方游牧民族所建立之國家（前、後秦非屬北亞草原民族），甚難以「中國」與「非中國」加以簡單界定。故為避免混淆，本研究除漢、隋、唐等統一之朝代外，對南北交戰雙方，概以「作戰線」方向為準，稱呼之。由南向北作戰者，稱為「南方」、「南方大軍」或「南方政府」；由北向南作戰者，稱為「北方」、「北方大軍」或「北方政府」。

（二）戰爭之命名

　　本研究所舉證之多數戰例，歷史上並無專名，為研究方便，筆者自行予以命名。有時一個地方多次發生戰爭，為避免混淆，每一戰爭之前，均有朝代與年號識別。命名方式有：

1. 以會、決戰發生地點命名

　　如「漢高帝七年白登之戰」、「北魏太平真君四年鹿渾谷之戰」等。若一次「戰役」包括數個在不同戰場所進行的相關會戰、決戰，則以作戰地區命名，如「漢武帝元朔二年河南之戰」；亦有以該戰役最後或最重要會、決戰

〔註23〕前引項世英《中亞：馬背上的文化》，頁205～10。筆者按，《突厥語大詞典》作者馬赫穆德・喀什噶里為哈拉汗王朝東支汗族的成員，自稱是回鶻人，現該書無中文版，僅有出自新疆社會科學院語言研究所之唯吾爾文譯本。

之地點命名者，如「東晉孝武帝太元二十年參合陂之戰」、「唐太宗貞觀十五年諾眞水之戰」等。

2. 若作戰地區遼闊，無明確之目標與會、決戰地，則亦以作戰地區命名

如「漢武帝元狩四年漠北之戰」、「武則天垂拱三年唐軍反擊突厥寇邊之戰」等。

3. 以交戰對象命名

如「東漢靈帝熹平六年漢鮮之戰」、「晉哀帝興寧元年代王什翼犍擊高車之戰」、「唐太宗貞觀十五年薛延陀擊東突厥之戰」等。

4. 以作戰之結果命名

如「晉孝武帝太元元年前秦滅代之戰」、「唐太宗貞觀二十年滅薛延陀之戰」等。

5. 以作戰性質命名

如「晉惠帝元康七年鮮卑猗㐌北巡之戰」、「北魏孝明帝正光四年李崇追擊柔然之戰」、「唐高宗顯慶五年鄭仁泰擊漠北四部之戰」等。

6. 作戰地點相同者，以時間區分

如「北魏孝明帝正光元年白道戰役」與「隋文帝開皇三年白道之戰」等。

（三）古地名之注記

文中中古時期地名後之（　）內，注記今名。地名今釋，概以參考譚其驤《中國歷史地圖集》爲主，《中國歷史地名大辭典》、《中國戰典》、《中國古代戰爭史》、《中國戰爭史》爲輔，除特殊、少見地名外，一般性地名，不再注其出處。對尙須考證之中古時期地名，則以參考《水經注》、《讀史方輿紀要》、《嘉慶重修一統志》、《唐代交通圖考》等歷史地理資料及考古史料爲主，並注其出處。

（四）時間之換算與注記

歷史上的中國年代、引證書目之篇卷數字，均以中文書寫。中國年代後（　）內之阿拉伯數字爲公元年數。干支後（　）內，中文數字示陰曆月日，阿拉伯數字示陽曆月日；閏月另加注記。〔註24〕

〔註24〕相關中西曆日期對照，參考方詩銘、方小芬《中國史曆日和中西曆日對照表》，

（五）有關參考資料

篇末附「參考資料」，其中原始史料以本研究曾引用者爲限。其他一般論作，部分雖未於本文中引用，但或藉與其他資料對照參考，或擷取其觀念看法，亦收錄於參考書目之中。此外，台灣地區或民國三十八年以前大陸出版之中文參考書目，出版時期採用民國年代（簡稱「民」），其餘外國、香港與民國三十八年以後大陸出版者，一律使用公元紀年；兩者在注腳中均以阿拉伯數字書寫。

二、附圖部分

（一）狀況要圖繪製原則與方式

每一戰例，均以一幅以上之狀況要圖示意，除特別註記者外，方向全部朝北（上北下南）。作戰雙方，除以能識別之專名稱呼，如匈奴大軍、衛青「兵團」、漢軍、唐軍、薛延陀軍外，亦依狀況以南北方兵團、南北方大軍名之。

（二）附圖註記

要圖均以黑白兩色調製，對抗兩軍除圖註區分外，亦概以顏色深淺識別之。相關作戰資料，如兵力數量、兵力位置、軍隊前進或退卻路線、會戰狀況等，則以圖示（軍隊符號），力求簡明；並依作戰過程或行動順序，以阿拉伯數字編號，條列說明。對作戰地區地形、地物的顯示，包括山系、水系、漠地、城鎮、交通線等，亦力求正確，並旁註文字，以達一目瞭然目的。另，因係要圖，大部分無比例尺。

三、軍語部分

（一）軍語顯示與釋義，見本章注 2；但已於相關注腳中說明者，則不再列入篇後〈軍語釋義〉。惟此釋義，並無所本，部分爲筆者根據對軍語之瞭解，所自行賦予之定義，無出處可注；部分係綜合取自相關未出版之軍事講義、教材或教範，亦無法注其出處，故均從略。

（二）附錄〈軍語釋義〉中之軍語，其後（　）內之阿拉伯數字，係標示該軍語在本文中粗體加「」號之頁次。

（三）甚多意義相同之軍語，習慣上區分戰略與戰術兩種用法。如：「攻

上海：辭書出版社，1987 年 12 月。

勢」與攻擊、守勢與防禦、反擊與「**逆襲**」、「**集中**」與「**集結**」等；前者爲大軍作戰之戰略階層用語，後者爲小部隊戰術階層用語。凡此，筆者均於相關章節或附錄〈軍語釋義〉中，加以說明。

第二章　中古時期的陰山戰爭

　　本章彙整中國中古時期發生於陰山地區之戰爭凡 183 例，其中尚不含游牧民族小兵力、單方面之劫掠行為，概以朝代為單位，區分西漢（含新莽）、東漢、魏晉、南北朝、隋、唐等六個時期，以「時間及名稱」、「戰爭原因、經過與結果」、「作戰地區」、「備註」（參考資料與補充說明）為內容，表列如次。並以白道、稒陽、高闕、雞鹿塞等四陰山道，及與各山道有關之作戰線為選項，統計與陰山戰爭相關之數據，以作本研究參考引證之基礎。又因本章所列之陰山戰例，後文之中常用作分析、歸納、比較之依據，故除簡單敘述第五、六、七章所個案研究之 14 場戰爭外，餘均以相關史料加以說明考證，並保持戰爭事件的連貫性，以利後文引用。有◎者，示重要戰爭。

第一節　西漢時期的陰山戰爭

　　本時期斷限，由劉邦開國（前 206），至王莽地皇三年（22）止，共 228 年。陰山地區約發生戰爭 37 場，平均間隔 6.16 年。狀況概如下表（見下一頁）：

表一：西漢時期陰山戰爭表

時間及名稱	戰爭原因、經過與結果	作戰地區	備　註
1.漢高帝元年（前206）「漢沿邊防禦匈奴之戰」。	匈奴乘楚漢相爭，佔領「河南地」，〔註1〕由此劫掠中國；中國則沿邊取守勢。	陰山至朝那（今寧夏固原東南）、膚施（今陝西榆林市東南）、燕、代一帶地區。	《史記》，卷一百十，〈匈奴列傳第五十〉，頁2890。
2.漢高帝六年（前201）秋「匈奴圍馬邑之戰」。	匈奴圍馬邑（今山西朔縣），韓王信〔註2〕投降。	陰山至馬邑之線。	《史記》，卷九十三，〈韓信盧綰列傳第三十三〉，頁2633；及卷一百十，〈匈奴列傳第五十〉，頁2894。
3.漢高帝七年（前200）冬「銅鞮之戰」。	漢高帝自率大軍，「擊敗」韓王信於銅鞮（今山西沁縣南），信亡走匈奴。	今晉北一帶。	《史記》，卷九十三，〈韓信盧綰列傳第三十三〉，頁2633。
4.漢高帝七年（前200）冬「匈奴攻晉陽之戰」。	匈奴得韓王信，共謀攻漢，冒頓以左右賢王將萬餘騎與韓王信部踰句注（今山西代縣北之雁門山），攻太原，至晉陽下，為漢軍破，退至離石（今山西離石），又為漢軍所破，匈奴復聚兵樓煩（今山西朔縣南）西北，漢令車騎將軍灌嬰擊之，匈奴退，漢軍乘勝追北。	今晉中、晉北至陰山之線。	《史記》，卷九十三，〈韓信盧綰列傳第三十三〉，頁2633；及卷九十五，〈樊酈滕灌列傳第三十五〉，頁2671。

〔註1〕　「河南地」，指北河（今內蒙烏加河）以南之地；包括今內蒙河套及鄂爾多斯高原，原為匈奴駐牧之地，後為秦朝所奪，匈奴此時乘機收復也。事見《史記》，卷一百一十，〈匈奴列傳第五十〉，頁2889～90，載：「冒頓……西擊走月氏，南并樓煩、白羊河南王，悉復收秦所使蒙恬所奪匈奴地者，與漢關故河南塞，……是時，漢方與項羽相距，中國罷於兵革……」。《漢書》，卷九十四上，〈匈奴列傳第六十四上〉，頁3750，所載同。

〔註2〕　韓王信為戰國末年韓襄王之庶孫，秦末率兵隨劉邦入關，因攻佔韓地十餘城有功，被封為韓王，初都靠近洛陽之潁川陽翟（今河南禹縣）。高祖六年（前201），劉邦恐韓王信居中原腹地謀反，乃命其遷往晉陽，以禦匈奴。後韓王信上書請調至漢匈邊境附近的馬邑，時匈奴冒頓單于率大軍包圍馬邑，韓王信在援兵不到，又懼事後為劉邦所誅之狀況下，獻城而降。見《史記》，卷九十三，〈韓信盧綰列傳第三十三〉，頁2631～33。《漢書》，卷三十三，〈魏豹田儋韓〔王〕信傳第三〉，頁1852～54，所載同。

5.漢高帝七年（前200）冬（十月）〔註3〕「白登之戰」。◎	漢高帝由晉陽北上以擊匈奴，被冒頓縱精兵四十萬騎圍於白登（今山西大同東北）七日，高帝使人厚賄匈奴「閼氏」，才得解圍。	平城一帶。	見 第五章第一節。
6.漢高帝十一年（前196）冬「漢平韓王信之戰」。	韓王信與匈奴騎入居參合，〔註4〕漢使柴（武）將軍破之，斬信。車騎將軍灌嬰亦至馬邑，降樓煩以北六縣，並破胡騎於武泉北。	今晉北至白道南口。	《史記》，卷九十三，〈韓信盧綰列傳第三十三〉，頁2635；及卷九十五，〈樊酈滕灌列傳第三十五〉，頁2671。
7.漢高帝十二年（前195）十月「漢定鴈門雲中之戰」。	漢太尉周勃擊陳豨，定鴈門十七縣，雲中（治所在今內蒙托克托東北）十二縣。	今晉北至白道以南地區。	《史記》，卷五十七，〈絳侯周勃世家第二十七〉，頁2070。
8.漢文帝前元三年（前177）五月「灌嬰擊匈奴右賢王之戰」。	匈奴右賢王入居河南地，大入北地、上郡殺掠，丞相灌嬰率八萬五千騎往擊之，匈奴退走，漢軍亦罷兵歸。	今鄂爾多斯高原、陝北至河套之間地區。	《史記》，卷九十五，〈樊酈滕灌列傳第三十五〉，頁2673；及卷一百十，〈匈奴列傳第五十〉，頁2895。
9.漢文帝前元十四年（前166）冬，至後元二年（前162）「匈奴老上單于寇邊之戰」。	老上單于率十四萬騎入朝那、蕭關（今寧夏固原東南），殺北地都尉，奇兵入燒回中宮，候騎已到達雍（陝西鳳翔）、甘泉山（秦直道起點），文帝一面防禦長安，一面命將五路出擊，匈奴退	長安以西、以北之外圍地區，及雲中至遼東沿邊全線。	《史記》，卷十，〈孝文本紀第十〉，頁 428～30；及卷一百十，〈匈奴列傳第五十〉，頁 2901～03。

〔註3〕　秦以十月爲歲首，高祖以十月至霸上，因而不革。至武帝太初元年（前104），定曆，始以寅爲歲首。見司馬光《資治通鑑》（香港：中華書局香港分局，1956年6月，以下稱《通鑑》），卷九，〈漢紀一〉，高帝元年（前206）十月條，胡注，頁296。故「白登之戰」距韓王信之降匈奴，僅數月而已。

〔註4〕　西漢之參合縣屬代郡，治所在今山西省陽高縣（西漢爲高柳）南之白登堡附近，東漢末廢。見《漢書》卷二十八下，〈地理志第八下〉，頁1622；顧祖禹《讀史方輿紀要》，卷四十四，〈山西六〉，參合城條，上海：二林齋屬圖書集成局校印光緒二十五年（1899），頁16；及魏嵩山《中國歷史地名大辭典》，廣州：廣東教育出版社，1995年5月，頁735。又，此參合與拓跋珪破後燕之參合陂（今內蒙涼城南），並非同一地。日人田村實造以參合陂在今山西省陽高縣（見〈代國時代の拓跋政權〉，收入《中國史上の民族移動期——五胡·北魏時代の政治と社會》，京都：創文社，1985年3月，頁197），有誤。

	去，但劫掠仍不斷，雙方連年交戰，最後文帝許以和親，匈奴才暫不入塞。		
10. 漢文帝後元六年（前158）冬「匈奴入侵上郡雲中之戰」。	匈奴復絕和親，大入上郡、雲中各三萬騎，殺掠甚重而去。於是漢使車騎將軍令免屯飛狐（今河北淶源北）、故楚相屯句注、將軍張武屯北地（今甘肅慶陽西北）。又置三將軍，軍長安西以備胡，胡騎入代、句注邊，烽火通於甘泉、長安。數月，漢兵至邊，匈奴亦去遠塞，漢兵亦罷。	今鄂爾多斯高原、白道以南至晉北、冀北之線。	《史記》，卷十，〈孝文本紀第十〉，頁 431～32；及卷一百十，〈匈奴列傳第五十〉，頁2904。
11. 漢景帝中元六年（前144）六月「匈奴掠苑馬之戰」。	匈奴入鴈門，至武泉，入上郡，取苑馬，吏卒戰死者二千人。	今晉北、陝北至白道南口之間地區。	《漢書》，卷五，〈景帝紀第五〉，頁150。
12. 漢景帝後元二年（前142）三月「匈奴攻鴈門之戰」。	匈奴入鴈門，太守馮敬與戰死，發車騎材官屯駐。	今晉北一帶。	《史記》，卷十一，〈孝景本紀第十一頁〉，448；及《漢書》，卷五，〈景帝紀第五〉，頁151。
13. 漢武帝元光二年（前133）「漢馬邑伏擊匈奴之戰」。◎	匈奴單于率十萬騎入武州塞（在鴈門東，今山西左云附近），漢軍三十餘萬在旁設伏，但匈奴警覺而引兵還，漢軍遂無所得，自是以後，匈奴絕和親，攻當路塞，往往入盜於漢邊，不可勝數。	鴈門北。	《史記》，卷一百十，〈匈奴列傳第五十〉，頁2905。
14. 漢武帝元光六年（前129）秋〔註5〕「漢擊胡關市之	漢使四將軍各萬騎擊胡關市下。衛青出上谷（今河北懷來），追擊至龍城（今內蒙包	上谷、代郡、鴈門、雲中以北地區。	《史記》，卷一百十，〈匈奴列傳第五十〉，頁2906；

〔註5〕 本作戰時間，《漢書》（卷五十五，〈衛青霍去病傳第二十五〉，頁2473）及《通鑑》（卷十八，〈漢紀十〉，武帝元光六年冬條，頁596）均載爲「元光六年」，與《史記》，卷一百一十一，〈衛將軍驃騎列傳第五十一〉，頁2923 所載「元光五年」誤差一年。惟《史記》，卷一百十，〈匈奴列傳第五十〉，頁2906，亦載曰：「自馬邑軍後五年之秋，漢使四將軍各萬騎擊胡關市下」。可見本戰發生在元光二年「馬邑事件」之後五年。若以元光二年（前133）起算，五年之後，應是「元光六年」（前129），而非「元光五年」。故本事件《史記》前後記載有誤，姑從《漢書》與《通鑑》所載。

戰」。	頭西北）。公孫賀出雲中（今內蒙托克托東北），無所得。公孫敖出代郡（今河北蔚縣），損失七千餘人。李廣出鴈門，為匈奴所俘，途中逃歸。		及卷一百十一，〈衛將軍驃騎列傳第五十一〉，頁2923。
15. 漢武帝元朔元年（前128）「衛青李息擊匈奴之戰」。	匈奴劫掠遼西、漁陽、鴈門，漢使衛青將三萬騎出鴈門，李息出代郡，擊胡，得首虜數千人。	鴈門、代郡以北地區。	同上。
16. 漢武帝元朔二年（前127）「河南之戰」。◎	漢武帝令車騎將軍青出雲中以西至高闕，至隴西，攻略河南地。	雲中經河套至鄂爾多斯高原、及隴山一帶。	見第五章第二節。
17. 漢武帝元朔三年（前126）「匈奴殺代郡太守之戰」。	三年冬，匈奴軍臣單于死，其弟伊稚邪單于立。其夏，匈奴數萬騎入殺代郡太守恭友，略千餘人。其秋，又入鴈門，殺略千餘人。	鴈門、代郡一帶地區。	《史記》，卷一百十，〈匈奴列傳第五十〉，頁2907。《漢書》，卷九十四上，〈匈奴傳第六十四上〉，頁3767，概同。惟將太守恭友之「恭」，載為「共」（讀「鞏」，見《漢書》同頁師古注）。
18. 漢武帝元朔四年（前125）「匈奴掠邊之戰」。	匈奴又復入代郡、定襄、上郡，各三萬騎，殺略數千人。又，右賢王怨漢奪河南地築朔方。數為寇，盜邊，及入河南，侵擾朔方。殺略吏民甚重。	代郡、定襄、上郡、朔方一帶地區。	同上注。
19. 漢武帝元朔五年（前124）春「漠南之戰」。	漢武帝令車騎將軍衛青率三萬騎，〔註6〕出高闕，衛尉蘇建為游擊將軍、左內史李沮為彊弩將軍、太僕公孫賀	高闕道出陰山北麓、漠南草原一帶地區。	《史記》，卷一百十一〉，〈衛將軍驃騎列傳第五十一〉，頁2925。

〔註6〕　有關漢軍兵力部分，《史記》，卷一百一十，〈匈奴列傳第五十〉，頁2907載「十餘萬」；《漢書》，卷九十四上，〈匈奴傳第六十四上〉，頁3767，所載同。但前引《史記》與《漢書》衛青本傳，則均為「三萬騎」；筆者根據衛青於元朔元年即率「三萬騎」出雁門與雲中未還之狀況判斷（詳第五章第一節注16），衛青之本部兵馬，應始終保持「三萬騎」之編組。換言之，「十餘萬」可能是本作戰所任務編組之「全軍」，而「三萬騎」則為衛青之「本軍」。

	為騎將軍、代相李蔡為輕車將軍，皆領屬車騎將軍，俱出朔方。大行李息、岸頭侯張次公為將軍，俱出右北平，咸擊匈奴。匈奴右賢王當衛青等兵，以為漢兵不能至此，飲醉。漢兵夜至，圍右賢王，右賢王驚，夜逃，獨與其愛妾一人壯騎數百馳，潰圍北去。漢輕騎校尉郭成等逐數百里，不及，得右賢裨王十餘人，眾男女萬五千餘人，畜數千百萬。於是引兵而還。拜車騎將軍青為大將軍。		
20.漢武帝元朔五年（前124）秋「匈奴攻代郡之戰」。	匈奴萬騎入殺代郡都尉朱英，略千餘人。	代郡一帶地區。	《史記》，卷一百十，〈匈奴列傳第五十〉，頁2907。
21.漢武帝元朔六年（前123）春「衛青兩出定襄擊匈奴之戰」。	衛青率六將軍十餘萬騎，兩出定襄數百里，擊匈奴主力，得首虜前後凡萬九千餘級，而漢軍損失亦重。前將軍趙信降匈奴，教單于益北絕幕，以誘罷漢軍，檄極而取之。	白道出陰山北麓入漠一帶地區。	《史記》，卷一百十，〈匈奴列傳第五十〉，頁2907～08；及卷一百十一，〈衛將軍驃騎列傳第五十一〉，頁2926。
22.漢武帝元狩四年（前119）「衛青、霍去病出擊漠北之戰」。◎	元狩二年（前121）春，漢朝繼元朔五年（前124）攻取河南地後，又出兵佔領河西走廊，匈奴渾邪王與休屠王的部隊退走，解除了匈奴對漢朝西北邊境的威脅，也打開了中原通往西域之路。元狩三年（前120），匈奴又入右北平、定襄各數萬騎，殺略千餘人而去。元狩四年（前119）夏，漢武帝遣得知「翕侯（趙）信為單于計，居幕北，以為漢兵不能至」之消息，決定奇襲漠北，乃粟馬發十萬騎，私負從馬凡十四萬匹，組成兩路遠征大軍。西路由大將軍衛青率領出定襄，東路由驃騎將軍霍去病率領出代，咸	定襄、代郡至大漠以北地區。	《史記》，卷一百一十，〈匈奴列傳第五十〉，頁2909～11。

	約絕幕擊匈奴。單于聞之，遠其輜重，以精兵待於幕北。與漢大將軍接戰一日，會暮，單于自度戰不能如漢兵，遂獨身與壯騎數百潰漢圍西北遁走。漢兵夜追不得，行斬捕匈奴首虜萬九千級，北至闐顏山（今外蒙杭愛山南支）趙信城而還。漢驃騎將軍之出代二千餘里，與左賢王接戰，漢兵得胡首虜凡七萬餘級，左賢王將皆遁走。驃騎封於狼居胥山（今外蒙烏蘭巴托東，克魯倫河上游一帶），禪姑衍（今外蒙烏蘭巴托東南，肯特山北，單于庭即在附近），臨瀚海（即北海，今西伯利亞貝加爾湖）而還。是後，匈奴遠遁，而幕南無王庭。〔註7〕		
23. 漢武帝元鼎五年（前112）「匈奴掠五原之戰」。	西羌眾十萬人反，與匈奴通使，攻故安，圍枹罕（兩地皆屬隴西郡）。匈奴入五原，殺太守（治所九原，今內蒙包頭）。	隴西、五原兩郡。	《漢書》，卷六，〈武帝紀第六〉，頁188；及《通鑑》，卷二十，〈漢紀十二〉，武帝元鼎五年三月條，頁667

〔註7〕　本戰漢軍東、西兩兵團之主戰兵力，各為騎兵五萬，而漢軍隨後跟進支援之步兵及負責運輸輜重之人員，有數十萬。大將軍衛青的西路兵團，轄中、前、左、右、後五將軍部。出塞後，從俘虜口中得知匈奴單于在東，乃臨時命令前將軍李廣與右將軍趙食其，向東迂迴，以配合主力對單于部造成包圍態勢。但是李廣部卻因無嚮導而迷路，成為本作戰決戰時的戰場游兵。當衛青率西路兵團主力到達漠北時，終於與嚴陣以待的匈奴單于部遭遇，衛青以「武剛車」（是一種帶有遮蓋的兵車。見宋超《漢匈戰爭三百年》，北京：華夏出版社，1997年1月，頁60），環繞為營，擊敗匈奴。單于連夜向西退走，漢軍於天亮之後發現匈奴已退，乃向西追擊至趙信城，未見敵蹤，遂「得匈奴積粟食軍，軍留一日而還，悉燒其城餘粟以歸」。在東路驃騎將軍霍去病兵團方面，並沒有像東路兵團一樣，編組以各路將軍率領的龐大戰鬥序列，而僅以大校充當裨將，簡化指揮層級，達到統一運用兵力之目的。霍去病兵團又因得到右北平太守路博得之出兵配合，在「取食於敵，卓行殊遠而糧不絕」之狀況下，進展順利。見圖44及《史記》，卷一百九，〈李將軍列傳第四十九〉，頁2874～75。同書，卷一百一十一，〈衛將軍驃騎列傳第五十一〉，頁2934～36；與《漢書》，卷五十五，〈衛青霍去病傳第二十五〉，頁2484～87；所載同。

			～68。
24.漢武帝元鼎六年（前 111）「公孫賀、趙破奴奔襲匈奴之戰」。	漢遣太僕公孫賀將萬五千騎，出九原二千餘里，至浮苴井而還，不見匈奴一人。漢又遣從驃侯趙破奴，將萬騎，出令居數千里而還，亦不見匈奴一人。	九原出稒陽、高闕（可能），至陰山北麓，由西北方向入漠，到達匈奴河一帶。	《史記》，卷一百十，〈匈奴列傳第五十〉，頁 2912。
25.漢武帝元封元年（前 110）「漢武帝北巡」。	漢武帝率大軍十八萬，北巡至朔方（治所今內蒙杭錦旗北），遣使要匈奴前來決戰，否則向漢稱臣，但匈奴既不戰，亦不降，最後漢軍無功而退。	今河套及鄂爾多斯地區。	同上。
26.漢武帝太初二年（前 103）春「匈奴擊滅趙破奴之戰」。	漢使浞野侯趙破奴將二萬騎出朔方西北二千餘里，至浚稽山而還。途中，匈奴左方兵追擊。〔註8〕破奴在距受降城（今陰山北麓內蒙烏特拉中旗東，高闕與稒陽道之間）四百里處，爲匈奴八萬騎所圍。破奴夜自出求水被俘，匈奴急擊其軍，漢軍失主將，畏懼返漢被殺，不敢突圍，遂全軍覆沒。匈奴接著又奇襲受降城，不下，乃掠邊而去。	朔方至陰山北麓稒陽道以西地區。	《史記》，卷一百十，〈匈奴列傳第五十〉，頁 2915。
27.漢武帝太初三年（前 102）秋「匈奴破壞光祿塞之戰」。	匈奴大入定襄、雲中，殺略數千人，敗數二千石而去，行破壞光祿所築城列亭障。〔註9〕又使右賢王入酒泉、張掖，略數千人。	河西、定襄、雲中及五原塞以北之漠南草原一帶。	《史記》，卷一百十，〈匈奴列傳第五十〉，頁 2916～17。
28.漢武帝天漢四年（前 97）春「余吾水之	李陵兵敗居延降匈奴後二年，〔註10〕漢又使貳師將	白道、稒陽、高闕等陰山道（可	《史記》，卷一百十，〈匈奴列傳第

〔註 8〕 匈奴烏師盧單于（因年少，亦號「兒單于」）即位後，「單于益西北，左方兵直雲中，右方直酒泉、燉煌郡」（見《史記》，卷一百十，〈匈奴列傳第五十〉，頁 2914）。故本戰，單于發左方兵追擊破奴。

〔註 9〕 匈奴呴犁湖單于立，「漢使光祿徐自爲出五原塞數百里，遠者千餘里，築城障列亭。」見《史記》，卷一百十，〈匈奴列傳第五十〉，頁 2916。

〔註 10〕 李陵於天漢二年（前 99）兵敗居延北，投降匈奴，單于以女妻之。見《史記》，卷一百九，〈李將軍列傳第四十九〉，頁 2877～78；及同書卷一百十，〈匈奴列傳第五十〉，頁 2918。另，《漢書》，卷五十四，〈李廣蘇建傳第二十四〉，頁 2452～2456，義同，但情節記載較爲詳細。

戰」。	軍李廣利將六萬騎，步兵十萬，出朔方。強弩都尉路博德將萬餘人，與貳師會。游擊將軍韓說將步騎三萬人，出五原。因杅將軍公孫敖將萬騎，步兵三萬人，出鴈門。匈奴聞悉，遠其累重於余吾水（今外蒙土拉河），而單于以十萬騎待水南，與貳師接戰，貳師乃解而引歸，與單于連鬥十餘日。游擊將軍亡所得。因杅與左賢王戰，不利，引歸。	能）至漠北今外蒙土拉河以南地區。	五十〉，頁2918；及《漢書》，卷九十四上，〈匈奴傳第六十四上〉，頁3777～78。
29.漢武帝征和三年（前 90）「郅居水之戰」。◎	漢武帝派遣貳師將軍將七萬人出五原，與匈奴單于戰於郅居水（今外蒙色楞格河），漢軍戰敗，貳師降匈奴。	陰山（稒陽道）至大漠以北地區。	見第五章第三節。
30.漢昭帝元鳳元年（前 80）「匈奴寇邊之戰」。	匈奴發左右部二萬騎，為四隊，並入邊為寇，漢兵追之，斬首獲虜九千人。	沿邊之線。	《漢書》，卷九十四上，〈匈奴傳第六十四上〉，頁3783。
31.漢昭帝元鳳二年（前 79）「匈奴屯受降城防禦之戰」。	匈奴復遣九千騎屯受降城（今內蒙烏特拉中後聯合旗東），以備漢，並在余吾水上架橋，以為退路。	陰山以北地區（以高闕、稒陽之間為重點）。	出處同上。本戰首次顯示，游牧民族在漠南屯兵，對陰山方向實施警戒。
32.漢昭帝元鳳三年（前 78）「匈奴掠五原之戰」。	匈奴三千騎入五原，略殺數千人。後數萬騎南旁塞獵，行攻塞外亭，劫掠而去。	五原及陰山以北地區。	《漢書》，卷九十四上，〈匈奴傳第六十四上〉，頁3784。
33.漢宣帝本始二年（前 72）「漢五將軍會擊匈奴之戰」。	漢遣祈連將軍田廣明將四萬餘騎出西河（郡治平定，今內蒙東勝市附近），度遼將軍范明友將三萬餘騎出張掖，前將軍韓增將三萬餘騎出雲中，後將軍趙充國將三萬餘騎出酒泉，雲中太守田順將三萬餘騎出五原。五將軍出塞各二千餘里，與西域五萬餘騎合擊匈奴，匈奴遭受重大損失。	雲中出陰山以西，至西域之線。	《漢書》，卷九十四上，〈匈奴傳第六十四上〉，頁3785～86。

34. 漢宣帝地節二年（前 68）「治眾擊匈奴之戰」。	大將軍軍監治眾等四人，將五千騎，分三隊，出塞各數百里擊匈奴。是歲，匈奴又發兩屯，各萬騎以備漢。	緣邊地區。	《漢書》，卷九十四上，〈匈奴傳第六十四上〉，頁3788。
35. 漢宣帝神爵二年（前 60）「趙充國防禦匈奴之戰」。	匈奴十餘萬騎欲入為寇，漢遣後將軍趙充國將兵四萬餘，緣邊九郡防禦匈奴。匈奴聞之，引去。〔註11〕	北邊五原至漁陽之線。	《漢書》，卷六十九，〈趙充國辛慶忌傳第三十九〉，頁2972；及卷九十四上，〈匈奴傳第六十四上〉，頁3789。
36. 王莽建國二年（10）「王莽遣十二將擊匈奴之戰」。	王莽遣十二將，三十萬人，齎三百日糧，同時十道並出，窮追匈奴，內之于丁令（零），因分其地，立呼韓邪十五子。	漁陽、代郡、雲中、五原、西河、張掖至大漠之線地區。	《漢書》，卷九十四上，〈匈奴傳第六十四上〉，頁3824；及卷九十九中，〈王莽傳第六十九中〉，頁4121。
37. 王莽天鳳二年（15）「王莽平北邊兵變之戰」。	屯駐於北邊以備匈奴之王莽軍隊二十餘萬人，連年衣食皆仰郡縣供給，地方苦不堪言，尤以五原與代郡人民負擔最重，受害最深，乃起為盜賊，數千人為一股，游動於附近各郡。王莽發兵擊之，歲餘乃定，但邊郡亦略將盡。	緣邊各郡。	《漢書》，卷九十九中，〈王莽傳第六十九中〉，頁4140。

本時期陰山地區之戰爭，除第 37 次為中國內部變亂外，其餘 36 次均為漢匈之間的戰爭。其中，通過陰山道（包括可能通過，下同）而進行者（一次戰爭若通過兩個以上陰山通道時，則所經之通道均列入統計），〔註12〕約有

〔註11〕 後匈奴因天災與五單于爭立而勢衰，宣帝甘露元年（前53），呼韓邪單于南下降漢（見《漢書》，卷九十四下，〈匈奴傳第六十四下〉，頁3786～87、3795、3797），自是邊患減少。

〔註12〕 本研究中「通過陰山道戰爭」之認定，原則上是以發動作戰或掌握主動之一方，在本次作戰過程中，其相關作戰行動是否經過陰山各道而進行為準。因此，有些戰爭雖發生於陰山附近，或其中一方曾使用陰山道，但筆者基此原則，並未將其納入「通過陰山道戰爭」計算。如戰例2：「匈奴圍馬邑之戰」，若就漢匈戰爭性質言，匈奴必來自陰山方面，理論上應屬「跨陰山」作戰，惟純就該戰立場，係匈奴以山南地區為基地向南攻擊之主動作戰行為，作戰

18 次，佔總次數的 50%；分別爲戰例第 1、10、11、18、19、21、22、23、24、26、27、28、29、30、32、33、34、36。其狀況爲：

一、經過白道者

總共 12 次。其中，由北向南作戰 6 次，分別爲戰例 1、10、11、18、27、36；由南向北作戰者 6 次，分別爲戰例 21、22、28、33、34、36。

二、經過稒陽道者

總共 12 次。其中，由北向南作戰 6 次，分別爲戰例 1、18、23、27、30、32；由南向北作戰者 6 次，分別爲戰例 24、26、28、29、34、36。

三、經過高闕道者

總共 10 次。由北向南作戰 4 次，分別爲戰例 1、18、27、30；由南向北作戰者 6 次，分別爲戰例 19、23、26、28、34、36。

四、經過雞鹿塞道者

總共 8 次。由北向南作戰 4 次，分別爲戰例 1、18、23、30；由南向北作戰者 4 次，分別爲戰例 24、26、34、36。

從以上通過陰山作戰的數據概略可以看出，西漢時期北方大軍向南作戰 20 次，南方大軍向北作戰亦 22 次，雙方對陰山通道之使用頻率概等，顯示南北權力相當，並呈現對立狀況。而雙方通過白道、稒陽、高闕、雞鹿塞用兵之次數，北方大軍依次爲 6、6、4、4，南方大軍依次爲 6、6、6、4，雖至雞鹿塞而最少，但彼此差距並不懸殊。此數據代表之意義有二：一是西漢時期白道的地位並不特別顯著，二是南北雙方對陰山各道之使用平均。

另就陰山各道「作戰線」上發生戰爭之次數而言，約爲：白道作戰線 26 次，稒陽道作戰線 20 次，高闕道作戰線 16 次，雞鹿塞道作戰線 14 次。此數據則顯示戰爭發生的地區，以陰山東段較多，並逐次向西遞減，白道作戰線似乎已居較爲重要之地位。換言之，未跨越陰山之山南地區戰爭，是以白道以南的大黑河流域至桑乾河流域一帶爲重心。

空間並不包括陰山道，故筆者未將其列入「跨陰山」戰爭。又如戰例 6：「灌嬰破胡騎於武泉北」及戰例 7：「周勃收復雲中十二縣」，作戰地區雖均在白道南口附近，匈奴戰敗後也必經白道退向陰山以北，但當時掌握戰場主動之漢軍，並未出陰山追擊匈奴或向陰山以北擴張戰果，因此戰爭僅止於山南地區，故亦不能視爲「跨陰山」之作戰。

第二節　東漢時期的陰山戰爭

　　本時期之斷限，由劉玄更始元年（23），至漢獻帝建安二十四年（219）止，共 196 年。陰山地區約發生戰爭 31 場，平均間隔 6.32 年。狀況概如下表：

表二：東漢時期陰山戰爭表

時間及名稱	戰爭原因、經過與結果	作戰地區	備　　註
1.東漢光武帝建武五年（29）「匈奴與盧芳寇邊之戰」。	匈奴乘中國戰亂立三水人盧芳為「漢帝」，都九原（今內蒙包頭市西北），佔有五原、朔方、雲中、定襄、鴈門五郡，兩者聯兵，侵苦北邊。東漢暫於北邊採取守勢。	五原、朔方、雲中、定襄、鴈門五郡緣邊地區。	范曄《後漢書》，卷十二，〈王劉張李彭盧列傳第二〉，頁 506。
2.東漢光武帝建武六年（30）「馮異破賈覽之戰」。	盧芳部將賈覽將胡騎擊殺代郡（治所在今山西陽高）太守劉興，漢遣北地（治所在今寧夏吳忠西南）太守馮異破之，上郡（治所今陝西膚施）、安定（今寧夏固原）皆歸降。	今晉北至寧夏之線。	《後漢書》，卷十二，〈王劉張李彭盧列傳第二〉，頁 507；及卷十七，〈馮岑賈列傳第七〉，頁 651。
3.東漢光武帝建武九年（33）六月「高柳之戰」。	光武遣大司馬吳漢率四將軍，五萬餘人，擊盧芳將賈覽、閔堪於高柳（屬代郡），匈奴遣騎助盧芳，遇大雨，漢軍戰敗退兵。	今晉北一帶。	《後漢書》，卷一下，〈光武帝紀第一下〉，頁 55；及卷二十，〈銚期王霸祭遵列傳第十〉，頁 737。
4.東漢光武帝建武九年（33）八月「繁畤之戰」。	屯晉陽、廣武（今山西代縣西南）之驃騎大將軍杜茂，與鴈門太守郭涼擊盧芳將於繁畤（今山西渾源西南），賈覽率匈奴萬騎救之，漢軍戰敗，退入樓煩城（今山西寧武境），盧芳乃據高柳。	今晉北一帶。	《後漢書》，卷一下，〈光武帝紀第一下〉，頁 55；及卷二十二，〈朱景王杜馬劉傅堅馬列傳第十二〉，頁 776～77。
5.東漢光武帝建武十年（34）正月「吳漢擊盧芳之戰」。	漢復遣吳漢率兵六萬出高柳，以擊賈覽。匈奴左南將軍將數千騎救賈覽，為王霸連戰於平城而破之，追出塞後，還入鴈門，與杜茂會攻盧芳尹由部於繁畤、崞縣（今山西渾源西），不克。後尹由為其部下賈丹等人所殺，降漢。	今晉北至白道以南之線。	十，〈銚期王霸祭遵列傳第十〉，頁 737；及卷二十二，〈朱景王杜馬劉傅堅馬列傳第十二〉，頁 777。

6.東漢光武帝建武十二年（36）「東漢防禦匈奴、鮮卑之戰」。	盧芳與匈奴、烏桓連兵寇邊，漢遣王霸將弛刑徒六千餘人，與杜茂治飛狐道。堆石布土，築起亭障，自代至平城三百餘里，凡與匈奴、烏桓大小數十百戰。	平城以東之線。	《後漢書》卷二十，〈銚期王霸祭遵列傳第十〉，頁737。〔註13〕
7.東漢光武帝建武十二年（36）「盧芳攻雲中之戰」。	盧芳與賈覽共攻雲中，久不下。其留守九原之部將隨昱，欲脅盧芳降漢，盧芳知羽翼外附，心膂內離，遂棄輜重，與十餘騎由五原亡入匈奴。	雲中至五原一帶。	《後漢書》卷一下〈光武帝紀第一下〉頁61；及卷十二，〈王劉張李彭盧列傳第二〉，頁507。
8.東漢光武帝建武十六年（40）「盧芳內戰」。	十五年十一月，盧芳自匈奴入居高柳請降，光武立其為代王。十六年冬，盧芳入朝，至昌平（今北京北），有詔止，令更朝明歲。盧芳自道還，憂恐，乃復背叛，與其部將閔堪、閔林兄弟相攻連月，最後匈奴遣兵迎盧芳出塞，此亂始平。	高柳附近至陰山。	《後漢書》卷一下，〈光武帝紀第一下〉，頁66～67；及卷十二，〈王劉張李彭盧列傳第二〉，頁507～08。
9.東漢光武帝建武二十五年（49）春「南匈奴擊北匈奴之戰」。	建武二十四年（48），匈奴再次分裂為南北兩部，南匈奴呼韓邪單于降漢，入居雲中（今內蒙托克托東北），遣其弟左賢王將兵萬餘，北擊北匈奴，生擒北單于之弟薁鞬左賢王。又破北單于帳下，北單于震怖，卻地千里。	白道以北至大漠地區。	《後漢書》，卷八十九，〈南匈奴列傳第七十九〉，頁2943。
10.東漢光武帝建武二十六年（50）夏「南北匈奴之戰」。	前為南匈奴所虜之薁鞬左賢王，率其眾及南部五骨都侯合三萬餘人叛歸，去南庭三百餘里，諸骨都侯共立薁鞬左賢王為單于。月餘日，更相攻擊，五骨都侯皆死，左賢王自殺，諸骨都侯子各擁兵自守。其冬，五骨都侯子復將其眾三千人歸南部，北單于使騎追擊，悉獲其眾，南單于遣兵拒之，逆戰不利。	同上。	《後漢書》，卷八十九，〈南匈奴列傳第七十九〉，頁2945。

〔註13〕《後漢書》，卷一下，〈光武帝紀第一下〉，頁60；及卷二十二，〈朱景王杜馬劉傅堅馬列傳第十二〉，頁737均載：「十二年，遣謁者段忠將眾郡弛刑配茂，鎮守北邊，因發邊卒築亭候，修烽火」事。而又據下條（戰例7）所引，盧芳於十二年攻雲中久不下後，始於十三年二月「亡入匈奴」。故卷二十，〈銚期王霸祭遵列傳第十〉，頁737，載王霸與杜茂共治飛狐之時間為「十三年」，顯為「十二年」之誤；今從前者。

11.東漢明帝永平五年（62）「北匈奴攻雲中之戰」。	十一月，北匈奴六七千騎入五原塞。十二月，寇雲中，至原陽（今內蒙呼和浩特東南），爲南匈奴擊退。	稒陽至白道之間陰山南北地區。	《後漢書》，卷二，〈顯宗孝明帝紀第二〉，頁 109；及卷八十九，〈南匈奴列傳第七十九〉，頁 2948。
12.東漢明帝永平十六年（73）二月「東漢與南匈奴連兵攻北匈奴之戰」。	東漢大發緣邊兵，四道出塞，北征匈奴。南單于遣左賢王隨太僕祭肜等出朔方高闕，匈奴聞漢兵來，悉度漠去，祭肜等無功而還。	平城、高闕、居延、酒泉至大漠與西域地區。	《後漢書》，卷二，〈顯宗孝明帝紀第二〉，頁 120；及卷八十九，〈南匈奴列傳第七十九〉，頁 2949。
13.東漢明帝永平十六年（73）九月「雲中塞戰」。	北匈奴大入塞，以五千人進犯雲中。雲中太守廉范自率士卒拒之，因兵力劣勢而不敵。會日暮，廉范令軍士各交縛兩炬，三頭爇火，營中星列，匈奴遙遠火多，謂漢兵救至，大驚。待旦將退，范乃令軍中蓐食，晨往赴之，斬首數百級，匈奴自相轔藉死者千餘人，向北退去。	白道南北地區。	《後漢書》，卷三十一，〈郭杜孔張廉王蘇羊賈陸列傳第二十一〉，頁 1103。
14.東漢和帝永元元年（89）六月「稽落山之戰」。◎	車騎將軍竇憲，擊北匈奴於稽落山（今外蒙古爾連察汗嶺一帶），北單于遁走，漢軍追擊至燕然山（今外蒙杭愛山）。	稒陽、雞鹿塞道至稽落山、私渠北鞮海（今外蒙烏布蘇諾爾湖）及燕然山（今外蒙杭愛山）之間地區。	見第五章第四節。
15.東漢和帝永元二年（90）十月「南單于擊北庭之戰」。	南單于求漢滅北庭，於是遣左谷蠡王師子等，將左右部八千騎出雞鹿塞，中郎將耿譚遣從事將護之。至涿邪山（今阿爾泰山東脈），留輜重，兵分兩道。北道過西海至河雲北（今新疆烏古湖西），南道繞天山渡甘微河（今新疆烏古倫河），兩軍會師，夜圍北匈奴，單于被創，將輕騎數十遁走。〔註14〕	雞鹿塞至涿邪山、天山之間地區。	《後漢書》，卷四，〈孝和孝殤帝紀第四〉，頁 171；及卷八十九，〈南匈奴列傳第七十九〉，頁 2953。

〔註14〕 東漢和帝永元三年(91)二月，「北單于復爲右校尉耿夔所破，逃亡不知所在。」（見《後漢書》，卷八十九，〈南匈奴列傳第七十九〉，頁 2955）爲漢匈（指北匈奴）三百年戰爭劃下句點。但該戰役漢軍由居延塞出擊（見同書卷四，〈孝和孝殤帝紀第四〉，頁 171；居延塞在今內蒙額齊納旗東南），超出陰山範圍，故未納入本戰爭表。

16.東漢和帝永元六年（94）「鄧鴻平南匈奴內亂之戰」。	春，南單于安國爲漢護匈奴中郎將杜崇與左賢王師子害死，師子繼單于位。原與安國親近之降胡五六百人，夜襲師子，安集掾王恬將護衛士與戰，破之。於是新降胡遂相驚動，十五部二十餘萬人皆反叛，脅立前單于屯屠何子奧鞬日逐王逢侯爲單于，遂殺略吏人而反，將車重向朔方，欲歸漠北。九月，漢遣鄧鴻、任尙等人將兵四萬討之。時南單于與杜崇屯牧師城（今內蒙準格爾旗西北），逢侯將萬騎圍攻不下。冬，鄧鴻至美稷（南單于庭所在），逢侯乃乘冰度隘，退向滿夷谷（今內蒙包頭市北），南匈奴與漢軍聯合追擊，破逢侯於大城塞（滿夷谷南），逢侯遂率眾出塞，漢軍未再追擊。	今陝北至包頭、稒陽之線地區。	《後漢書》，卷八十九，〈南匈奴列傳第七十九〉，頁2955～56。
17.東漢安帝永初三年（109）「東漢平諸胡叛亂之戰」。	九月，鴈門烏桓及鮮卑反，敗五原郡兵於高渠谷（今內蒙包頭市附近）。十月，南單于亦乘關中水災，起兵攻護匈奴中郎將耿种於美稷。十一月，漢遣車騎將軍何熙與耿夔平之。	今陝北至包頭之線。	《後漢書》，卷五，〈孝安帝紀第五〉，頁213；卷十九，〈耿弇列傳第九〉，附〈耿夔傳〉，頁719；卷四十七，〈班梁列傳第四十七〉，頁1592～93；及卷八十九，〈南匈奴列傳第七十九〉，頁2957。
18.東漢安帝元初三年（116）秋「高渠谷之戰」。	鴈門烏桓率眾王無何、鮮卑大人丘倫，及南匈奴骨都侯合七千騎，寇五原，與五原太守戰於高渠谷，漢軍大敗。東漢乃遣車騎將軍何熙，與度遼將軍梁慬出擊破之，最後無何投降，烏桓親附，鮮卑走還塞外。	五原附近至稒陽道之線地區。	《後漢書》，卷九十，〈烏桓鮮卑列傳第八十〉，頁2983。
19.東漢安帝延光二年（123）至三年「鮮卑攻南匈奴之戰」。	鮮卑大人其至鞬，將萬騎攻南匈奴於柏曼（今內蒙達拉特旗東南，北臨黃河，與包頭市隔河相望），殺奧鞬日逐王。三年秋，復寇高柳，殺南匈奴漸將王。	今內蒙南部及晉北、陝北地區。	《後漢書》，卷九十，〈烏桓鮮卑列傳第八十〉，頁2988。

20.東漢安帝延光三年（124）五月「馬翼追擊南匈奴左日逐王戰」。	南匈奴左日逐王叛漢，欲歸漢北，漢使匈奴中郎將馬翼追擊，破之。	可能在白道與稒陽道之間地區。	《後漢書》，卷五，〈孝安帝紀第五〉，頁239；及卷八十九，〈南匈奴列傳第七十九〉，頁2959。
21.東漢安帝永建元年（126）秋至二年春「東漢與南匈奴聯兵擊鮮卑之戰」。	元年秋，鮮卑其至鞬寇代郡（治所今山西陽高），太守李超戰死。次年春，中郎將張國遣從事將南單于步騎萬餘人出塞，擊破之。	今晉北至大黑河流域地區。	出處同上。
22.東漢順帝永建六年（131）秋「耿曄擊鮮卑之戰」。	永建三、四年，鮮卑頻寇漁陽、朔方（治所在今內蒙澄口北，靠近雞鹿塞）。六年秋，護烏桓校尉耿曄遣司馬將胡兵數千人，出塞擊破之。	漁陽及朔方附近地區。	出處同上。
23.東漢順帝陽嘉四年（135）冬「烏桓攻雲中之戰」。	烏桓寇雲中，劫道上商賈車牛，度遼將軍耿曄率二千餘人追擊，無功。又戰於沙南（今內蒙托克托縣東南），斬首五百級。後烏桓圍耿曄於蘭池城（沙南南），於是東漢又發積射士二千餘人，度遼營千人，配上郡屯，以討烏桓，烏桓始退。	白道以南之大黑河流域地區。	《後漢書》，卷九十，〈烏桓鮮卑列傳第八十〉，頁2983。
24.東漢順帝永和五年（140）夏「南匈奴左右賢王叛漢之戰」。	南匈奴左部句龍王吾斯、車紐等叛漢，率三千餘騎寇河西，招誘右賢王合七八千騎圍美稷，殺朔方代郡長史。漢發緣邊兵及烏桓、鮮卑、羌胡合二萬餘人，破之。但吾斯等更屯聚攻沒城邑，順帝遣使責備南單于，並令其招降叛軍，最後南單于及其弟左賢王，皆被使匈奴中郎將陳龜逼迫自殺。	河西及今陝北、晉北、河套一帶地區，以美稷附近爲重點。	《後漢書》，卷六，〈孝順孝沖孝質帝紀第六〉，頁269；及卷八十九，〈南匈奴列傳第七十九〉，頁2960。
25.東漢順帝永和五年（140）十一月「匈奴車紐單于攻漢之戰」。	秋，吾斯等立句龍王車紐爲單于，東引烏桓，西收羌戎及諸胡等數萬人，攻破京兆虎牙營，殺上郡都尉及軍司馬，抄寇并、涼、幽、冀四州，迫使東漢徙西河、上郡、朔方治所。十一月，漢遣中郎將張耽將幽州、烏桓諸郡營兵擊叛軍，會戰於馬邑，車紐投降，吾斯則率其部曲與烏桓繼續抄掠。	匈奴抄寇遍及陰山以南至今鄂爾多斯高原、陝北、晉北、冀北等地區，與漢軍會戰地在馬邑附近（晉北）。	《後漢書》，卷六，〈孝順孝沖孝質帝紀第六〉，頁270；及卷八十九，〈南匈奴列傳第七十九〉，頁2962。

26. 東漢桓帝永壽元年（155）七月「張奐擊南匈奴之戰」。	南匈奴左薁鞬臺耆、且渠伯德等七千餘人寇美稷，東羌復舉種應之，爲安定屬國都尉（治所在今甘肅鎮原東南）張奐據龜茲（在今陝西榆林市北長城外五道河東岸）切斷其與東羌連絡線而擊敗之，伯德投降。	今鄂爾多斯高原及陝北一帶。	《後漢書》，卷七，〈孝桓帝紀第七〉，頁302；及卷六十五，〈皇甫張段列傳第五十五〉，頁2138。
27. 東漢桓帝永壽二年（156）秋「檀石槐進攻雲中之戰」。	鮮卑大人檀石槐將三四千騎，由彈汗山進攻雲中。〔註15〕	雲中附近地區。	《後漢書》，卷九十，〈烏桓鮮卑列傳第八十〉，頁2989。
28. 東漢桓帝延熹元年（158）十二月「張奐平南匈奴叛亂之戰」。	南匈奴（休屠各）諸部並叛，遂與烏桓、鮮卑寇緣邊九郡，燒度遼將軍營（位於五原）。東漢以張奐爲北中郎將討之，張奐先潛誘烏桓陰與和通，再使斬匈奴屠各渠帥，擊破其眾，諸胡皆降。	五原附近。	《後漢書》，卷七，〈孝桓帝紀第七〉，頁304；及卷六十五，〈皇甫張段列傳第五十五〉，頁2139。
29. 東漢桓帝延熹九年（166）夏「張奐平諸胡掠邊之戰」。	自桓帝永壽二年（156）起，鮮卑大人檀石槐即不斷率眾寇邊。延熹九年春，鮮卑又招結南匈奴、烏桓，數道入塞，或五六千騎，或三四千騎，寇掠邊郡。秋，鮮卑復率八九千騎入塞，並與東羌結盟，漢以爲憂，乃復拜張奐爲護匈奴中郎將，發兵擊之。結果匈奴、烏桓皆降，唯鮮卑出塞去。	緣邊各郡。但判斷應以檀石槐庭所在地彈汗山（在今內蒙興和縣境）正對之晉北之線爲重點。	《後漢書》，卷六十五，〈皇甫張段列傳第五十五〉，頁2139～40；及卷九十，〈烏桓鮮卑列傳第八十〉，頁2989。

〔註15〕和帝永元年間，東漢「擊潰」北匈奴後，北單于西逃，鮮卑盡據其地。當時「匈奴餘種留者尚有十餘萬落，皆自號鮮卑，鮮卑由此漸盛」（見《後漢書》，卷九十，〈烏桓鮮卑列傳第八十〉，頁2986）。桓帝時，檀石槐被推爲鮮卑大人，「乃立庭於彈汗山歠仇水上，去高柳北三百餘里，兵馬甚盛，東西部大人皆歸焉。因南抄緣邊，北拒丁零，東卻夫餘，西擊烏孫，盡據匈奴故地。東西萬四千餘里，南北七千餘里，網羅山川水澤鹽地。」（見同傳，頁2989），建立起了一個強大的「軍事大聯盟」（見馬長壽《烏桓與鮮卑》，上海：人民出版社，1962年，頁179～88）。另據考證，彈汗山即今內蒙興和縣與河北省尚義縣交界附近的大青山（屬興和，標高1919米，非白道之上的大青山），地處陰山東段南麓丘陵區，爲蒙古高原之前緣，向東即大馬群山及冀北山地。歠仇水即今興和縣境內之二道河（見內蒙古興和縣文物考察組崔利明，〈興和縣叭溝村鮮卑墓葬〉，刊於《內蒙古文物考古》，呼和浩特：內蒙古自治區文物考古研究所及內蒙古自治區考古學會，1992年1～2月，頁100）。

30.東漢靈帝熹平六年（177）八月「漢鮮之戰」。◎	漢護烏桓校尉夏育出高柳，護羌校尉田晏出雲中，匈奴中郎將臧旻率南單于出鴈門，三道出塞二千餘里，攻擊鮮卑。鮮卑大人檀石槐命三部大人各帥眾逆戰，結果漢軍大敗。	陰山東段至大漠一帶地區（田晏兵團應通過白道）。	見第五章第五節。
31.東漢靈帝中平五年（188）九月「南單于叛漢寇河東之戰」。	南單于叛，將數千騎與白波寇河東（內）諸郡，時民皆保聚，鈔掠無利，而兵遂挫傷，復欲歸國，國人不受，乃止河東。	今山西中、北部。	《後漢書》卷八〈孝靈帝紀第八〉頁356；及卷八十九，〈南匈奴列傳第七十九〉，頁2965。

本時期陰山地區之戰爭，交戰對象複雜多元，概有：東漢對匈奴與盧芳連兵8次（戰例1～8）、東漢（包括與諸胡聯合）對北匈奴4次（戰例12～15）、南匈奴對北匈奴3次（戰例9～11）、南匈奴內戰3次（戰例16、24、31）、東漢對南匈奴2次（戰例20、26）、東漢對烏桓1次（戰例23）、東漢對鮮卑5次（戰例19、21、22、27、30）、東漢與諸胡聯合對諸胡連兵5次（戰例17、18、25、28、29）。其中，通過陰山道（包括可能）而進行者，約有10次，佔總次數的32.26%；分別為戰例9、10、11、12、13、14、15、18、20、30。其狀況為：

一、經過白道者

總共7次。其中，由北向南作戰3次，分別為戰例9、11、13；由南向北作戰者4次，分別為戰例10、11、20、30。

二、經過稒陽道者

總共4次。其中，由北向南作戰1次，為戰例11；由南向北作戰者3次，分別為戰例14、18、20。

三、經過高闕道者

只有1次（戰例12），為由南向北作戰。

四、經過雞鹿塞道者

總計2次（戰例14、15），為由南向北作戰。

另就陰山各道作戰線上發生戰爭次數而言，約為：白道21次，稒陽13次，高闕4次，雞鹿塞5次。

以上數據所顯示之意義有四：其一，經過白道與稒陽道而進行之戰爭分別為7次與4次，高闕道與雞鹿塞道相加只有3次，顯示東漢時期陰山地區

之戰爭集中於白道與梱陽道之間，而白道已是發生戰爭次數最多的陰山通道。其二，通過陰山而進行之戰爭，佔陰山地區戰爭總次數之 32.26%，較西漢時期之 50% 為低，顯示南北對立情勢稍趨緩和。其三，東漢時期陰山地區發生戰爭之周期為 6.32 次／年，與西漢時期的 6.16 次／年概等，但通過陰山進行之戰爭比率減少，顯示陰山戰爭之重心，已轉移至山南地區，而又以白道作戰線為主。其四、由於交戰對象之複雜與多元，以及由南向北作戰與由北向南作戰之比例為 4：11，顯示北邊戰略環境，已由西漢兩極對立之緊繃局面，逐漸轉變成為以東漢為主的一極多元不穩定系統。

第三節　魏晉時期的陰山戰爭

　　本時期之斷限，由魏文帝黃初元年（220），至東晉恭帝元熙元年（419）止，共 199 年。陰山地區約發生戰爭 32 場，平均間隔 6.22 年。狀況概如下表：

表三：魏晉時期陰山戰爭表

時間及名稱	戰爭原因、經過與結果	作戰地區	備　註
1.魏明帝太和五年（蜀漢建興九年，231）「鮮卑聯合蜀漢攻魏之戰」。	魏文帝時，鮮卑以柯比能部最為強盛，控弦十餘萬騎，與曹魏迭有衝突，太和二年（228）曾以三萬騎圍護烏丸校尉於馬城（今河北懷安）。五年，蜀漢丞相諸葛亮兵圍祁山（今甘肅西和西北），遣使連結柯比能。柯比能率兵至故北地石城（今甘肅皋蘭西北），與諸葛亮首尾相應，以攻曹魏。魏帝詔關內侯牽招往討，時柯比能已還漠南，魏軍乃守新興、雁門，出屯陘北（今山西代縣北），以防柯比能。	今蘭州至河套及陰山以北之線地區。	陳壽《三國志》，卷二十六，〈魏書·滿田牽郭傳第二十六〉，頁 727，732；卷三十，〈魏書·烏丸鮮卑東夷傳第三十〉，頁 839；及卷三十五，〈蜀書·諸葛亮傳第五〉，注引《漢晉春秋》，頁 925。又，當時蜀漢與柯比能結盟一事，曾驚動了整個曹魏的統治階層。見前引馬長壽《烏桓與鮮卑》，頁 192。
2.魏明帝青龍元年（233）「曹魏擊鮮卑之戰」。	同屬鮮卑之步度根部，在與柯比能數相攻擊後，眾稍寡弱，遂附魏，並為魏保守太原、鴈門兩邊郡。明帝青龍元年，柯比能以結和親，誘步度根叛魏，並自率萬騎迎步度根累重於陘北。明帝詔	今晉北至白道以南之線。	《三國志》，卷三，〈魏書·明帝紀第三〉，頁 99～100；及卷三十，〈魏書·烏丸鮮卑東夷列傳第三十〉，頁 836。

	遣并州刺史畢軌討之，畢軌進屯陰館（山西代縣北），以蘇尚、董弼兩將追鮮卑，與迎步度根之柯比能子所將千餘騎遭遇，戰於樓煩（今山西寧武北），二魏將陣亡，步度根部落皆叛出塞，與柯比能合寇邊。後魏又遣驍騎將軍秦朗率中軍討之，鮮卑乃暫時退向漠北。		
3.晉惠帝元康七年（297）至永寧元年（301）「鮮卑拓跋猗㐌北巡之戰」。	居參合陂之拓跋猗㐌(北魏桓帝)北巡，西略，諸降附者二十餘國，凡積五歲而東還。	白道至漠北地區。	《魏書》，卷一，〈序紀第一〉，頁5～6。惟《北史》，卷一，〈魏本紀第一〉，頁4，載：「桓帝度漠北巡，因西略諸國，凡積五歲，諸部降附者三十餘國。」略異，今從前者。
4.晉惠帝永興元年（304）至二年「鮮卑助晉擊匈奴劉淵之戰」。	匈奴別種劉淵反晉於離石（今山西離石），自號漢王。并州刺史司馬騰向猗㐌求援，猗㐌率十萬騎南下，拓跋弗（北魏思帝）亦大舉助之，破劉淵軍於西河（郡治在今山西離石）、上黨（郡治在今山西長子）。次年，司馬騰又向鮮卑求救，猗㐌以輕騎數千馳援，擊敗劉淵，劉淵南走蒲子（今山西隰縣）。	今大黑河流域至晉中一帶地區。	《魏書》，卷一，〈序紀第一〉，頁6～7。
5.晉懷帝永嘉四年（310）十月「拓跋鮮卑助晉擊白部之戰」。	鮮卑白部大人部叛晉，進入西河,匈奴鐵弗劉虎舉眾於雁門以應之。合攻晉并州刺史劉琨所守之新興、雁門兩郡，劉琨向鮮卑拓跋猗盧	今晉北、大黑河流域南至河套之間地區。	《魏書》，卷一，〈序紀第一〉，頁7；及卷九十五，〈列傳第八十三·鐵弗劉虎〉，頁2055。〔註16〕

〔註16〕《通鑑》，卷八十七，〈晉紀九〉，懷帝永嘉四年十月條，頁2754載：「劉虎收餘眾，西渡河，居朔方肆盧川」。此「河」應指「河水」（即今黃河）而言。據《魏書》，卷一百六上，〈地形志上〉，頁2474所載，肆盧（北魏太平真君七年置）屬秀容郡，治所在今黃河東岸之山西忻州市西北，故《通鑑》所載之「西渡河」顯有錯誤。而觀察劉虎爾後與拓跋鮮卑作戰之相關位置，當時劉虎應是退向河套地區。又有關白部鮮卑的居地，史上並未明載，但根據其活動記錄判斷，可能在平城與善無之間的豹山地區一帶（可參張繼昊〈北魏王朝創建歷史中的白部和氏〉，刊於《空大人文學報》，第六期，民86年5月，頁76）。

	（北魏穆帝）求援，猗盧乃遣其弟之子拓跋鬱律（北魏平文帝）將騎十萬助劉琨，大破白部，劉虎亦向西敗走，渡黃河，盤據朔方。		
6.晉元帝太興元年（318）「拓跋鮮卑與鐵弗劉虎之戰」。	六月，據朔方之劉虎侵犯拓跋代西部。七月，拓跋鬱律率兵反擊，劉虎戰敗逃走。	今大黑河平原西部至包頭之間地區。	《魏書》，卷一，〈序紀第一〉，頁9；及卷九十五，〈列傳第八十三·鐵弗劉虎〉，頁2055。
7.晉元帝太興二年（319）「石虎擊河西鮮卑之戰」。	河西鮮卑日六延叛石勒，石勒遣其從子魏郡（治所今河北臨彰西南）太守石虎（季龍）討之。敗延於朔方。斬首二萬級，俘三萬餘人，獲牛馬十餘萬。	今河套及鄂爾多斯高原一帶地區。	《晉書》，卷一百四，〈載記第四·石勒上〉，頁2729。《十六國春秋輯補》，卷十三，〈後趙錄三·石勒〉，所載同。
8.晉成帝咸和二年（327）「石虎擊拓跋代之戰」。	後趙石勒遣石虎率五千騎進攻代國，代王紇那（北魏煬帝）沿句注山（今山西代縣西北）、陘北（今山西朔縣東雁門關以北一帶）防禦。爲石虎擊敗，紇那退守大寧（今河北張家口附近）。	今晉北至河北西北一帶。	《魏書》，卷一，〈序紀第一〉，頁10。
9.晉成帝咸康四年（338）「後趙擊朔方鮮卑之戰」。	後趙石虎遣太子石宣帥步騎二萬，擊朔方（今內蒙錦杭旗西北）鮮卑斛頭，大破之，斬首四萬級。	今河套西。	《晉書》，卷一百六，〈載記第六·石季龍上〉，頁2768。《十六國春秋輯補》，卷十七，〈後趙錄七·石虎〉，頁127，載爲鮮卑斛萬頭。
10.晉成帝咸康七年（341）十月「代王什翼犍擊劉虎之戰」。	劉虎又入侵代國西境，代王什翼犍（北魏昭成帝）遣兵擊之，大敗劉虎。	今大黑河平原西部至包頭之間地區。	《魏書》，卷一，〈序紀第一〉，頁12。筆者按，前一年春，代國已遷都盛樂。
11.晉康帝建元元年（343）「後趙擊鮮卑斛穀提之戰」。	後趙石虎遣太子石宣討鮮卑斛穀提，大破之，斬首三萬級。	位置不詳，判斷亦在朔方一帶。	《晉書》，卷一百六，〈載記第六·石季龍上〉，頁2773。湯球《十六國春秋輯補》，卷十七，〈後趙錄七·石虎〉，頁134，所載同。
12.晉哀帝興寧元年（363）十月「代王什翼犍擊高車之戰」。	代王什翼犍渡漠攻擊高車，大破之，獲萬口馬牛羊百餘萬頭。	白道至漠北。	《魏書》，卷一，〈序紀第一〉，頁14。

13.晉哀帝興寧三年（365）正月「代王什翼犍擊劉衛辰之戰」。	代王什翼犍「東渡河」，〔註17〕攻擊匈奴左賢王劉衛辰部，衛辰遁走（依附前秦）。	白道、陰山北麓、雞鹿塞、河套之線地區。	《魏書》，卷一，〈序紀第一〉，頁15。《北史》，卷一，〈魏本紀第一・昭成皇帝〉，頁8，載：「衛辰謀反，度河東，帝討之。」
14.晉哀帝興寧三年（365）八至九月「前秦苻堅擊劉衛辰之戰」。	匈奴右賢王曹轂、左賢王劉衛辰舉兵叛前秦，率眾二萬餘人攻杏城（今陝西黃陵西南）以南郡縣。苻堅遣建節將軍鄧羌討之，擒劉衛辰於木根山（今陝西鹽池北長城外），苻堅親臨朔方巡撫降俘，並以衛辰爲夏陽公，續統其眾。	今陝北、鄂爾多斯高原至河套地區。	《魏書》，卷九十五，〈列傳第八十三・鐵弗劉虎傳〉，附〈劉衛辰傳〉，頁2055。《晉書》，卷一百十三，〈載記第十三・苻堅上〉，頁2889；及《十六國春秋輯補》，卷三十三，〈前秦錄三・苻堅〉，頁259，所載同。
15.晉海西公太和二年（367）十月「代王什翼犍二擊劉衛辰之戰」。	代王什翼犍征劉衛辰，時黃河冰未成，代軍以葦絚約漸，俄然冰合，猶未能堅，乃散葦其上，冰草相結如浮橋，眾軍乃渡河，奇襲成功。劉衛辰與宗族西走，代王收其部落及牲口而還。後劉衛辰奔苻堅，苻堅又將其送還朔方。遣兵戍之。	今大黑河流域至河套之間地區。	《魏書》，卷一，〈序紀第一〉，頁15；及卷九十五，〈列傳第八十三・鐵弗劉虎傳〉，附〈劉衛辰傳〉，頁2055。
16.晉孝武帝寧康二年（374）「代王什翼犍三擊劉衛辰之戰」。	代王什翼犍再伐劉衛辰，劉衛辰向南敗走，依附前秦。	同上。	《魏書》，卷一，〈序紀第一〉，頁16。
17.晉孝武帝太元元年（376）十一月至十二月「前秦滅代之戰」。◎	劉衛辰爲代所逼，求救於秦，秦王苻堅遣大軍攻滅代國，並以（北）河爲界，分代民爲二部，東屬劉庫仁，西歸劉衛辰。	大黑河流域地區及白道以北地區（可能）。〔註18〕	見第六章第一節。
18.晉孝武帝太元元年（376）十二月「劉衛辰擊劉	代亡之後，苻堅待劉庫仁較厚，地位在劉衛辰之上，劉衛辰因此而怒殺前秦五原	雲中、五原之間，及由稒陽（可能）至陰	《魏書》，卷二十三，〈列傳第十一・劉庫仁傳〉，頁605。

〔註17〕 筆者按，當時代國據有陰山以北地區。「東渡河」之狀況，可能是什翼犍大軍自雲中出發，經白道，繞陰山北麓，概由雞鹿塞以南過陰山，再向東，渡北河（今內蒙烏加河），而向東攻擊河套地區。

〔註18〕 筆者按，本戰前秦滅代，並分其地。判斷因代國據有陰山以北，故前秦大軍爲掃蕩、追擊與鞏固山北地區，可能曾由白道出陰山作戰。

庫仁之戰」。	太守叛變，攻劉庫仁西部，但被劉庫仁擊敗北退，劉庫仁追至陰山西北千餘里，獲其妻子，盡收其眾。	山西北一帶地區。	
19.晉孝武帝太元十三年（北魏登國三年，388）四至十二月「拓跋珪北巡之戰」。	魏王拓跋珪〔註19〕北巡，連續征服庫莫奚、解如等部。	白道出陰山，至弱落水（今內蒙西拉木倫河）之間地區。	《魏書》，卷二，〈太祖紀第二〉，頁22；及卷一百，〈列傳第八十八·庫莫奚傳〉，2222～23；卷一百三〈列傳第九十一·高車傳〉，2312。
20.晉孝武帝太元十四年（北魏登國四年，389）「女水之戰」。	正月，拓跋珪襲高車諸部。二月，至女水（在白道以北，北魏文成帝拓跋濬和平五年改名武川），〔註20〕攻破叱突鄰部，並擊退前來救援之賀染干兄弟部。	雲中、白道至漠北地區。	《魏書》，卷二，〈太祖紀第二〉，頁22～23。
21.晉孝武帝太元十五年（北魏登國五年，390）「拓跋珪征服北方部落之戰」。	三月，拓跋珪至鹿渾海（今外蒙哈爾和林北），破高車袁紇部，虜生口牲畜二十餘萬。四月，至意幸山（今內蒙二連浩特西南），與後燕主慕容垂之子慕容賀驎合兵，征服賀蘭、紇突鄰、紇奚諸部落。六月，還至牛川（今內蒙烏蘭察部盟境之錫拉木林河，及白道北口附近）。〔註21〕後，劉衛辰遣其子直力鞮攻賀蘭部，拓跋珪引兵救之，匈奴退去。十月，又破高車豆陳部於狼山。	陰山各道至漠北一帶。	《魏書》，卷二，〈太祖紀第二〉，頁23；及卷一百三，〈列傳第九十一·高車傳〉2312。
22.晉孝武帝太元十六年（北魏登國六年，391）十月「拓跋珪奔襲柔然之戰」。	拓跋珪出白道擊於漠南草原散牧之柔然，柔然可汗社崙聞魏大軍至，遁走。魏軍追之五六百里，不及。諸部帥因張袞言於太祖曰：「今賊糧盡，不宜深	白道出陰山至漠北一帶。	《魏書》，卷二，〈太祖紀第二〉，頁24；卷二十四，〈列傳第十二·張袞傳〉，頁612；及《魏書》，卷一百三，〈列傳第九十一·蠕蠕傳〉，頁2290。

〔註19〕拓跋珪，什翼犍之嫡孫。晉孝武帝太元十年（385），符堅為姚萇所殺，拓跋珪於次年（386）正月復國，稱代王，年號登國。四月，改稱魏王。見《魏書》，卷二，〈太祖紀第二〉，頁19～20。

〔註20〕《魏書》，卷一百三，〈列傳第九十一·蠕蠕傳〉，頁2295。

〔註21〕前引魏嵩山《中國歷史地名大辭典》，頁161。

	入，請速還軍。」〔註22〕拓跋珪令張袞問諸部帥，若殺副馬，足三日食否？皆言足也。拓跋珪乃倍道追之，及於廣漠赤地南床山（今內蒙巴彥淖爾盟北）下，大破之，虜其半部。其西部大人匹候跋及部帥屋擊各收餘落遁走，拓跋珪遣長孫嵩及長孫肥追之，渡磧。長孫嵩至平望川（今外蒙哈爾和林西），大破屋擊，擒之，斬以徇。長孫肥至涿邪山（今阿爾泰山東脈），追及匹候跋，跋舉落請降，獲其東部大人緼紇提子曷多汗及曷多汗兄詰歸之。社崙、斛律等宗黨數百人，分配諸部。緼紇提西遁，拓跋珪追之，至跋那山（今名不詳），緼紇提復降，拓跋珪撫慰如舊。		
23.晉孝武帝太元十六年（北魏登國六，391）十一月「拓跋珪滅劉衛辰之戰」。	劉衛辰遣其子直力鞮率兵八九萬人，進攻魏國南部。拓拔珪引五六千人迎之，被圍。拓跋珪乃以車爲方營，並戰並前，大破直力鞮於鐵岐山（今內蒙固陽西北），〔註23〕直力鞮單騎而走，魏軍乘勝追擊。自五原金津南渡，逕入其國，至劉衛辰所居之悅跋城（今內蒙東勝西），劉衛辰父子驚逃。後直力鞮被擒，劉衛辰被殺，其第三子屈子（即赫連勃勃）亡奔薛干部，北魏遂佔領整個河套地區。	雲中、稒陽、五原，至黃河南岸一帶地區。	《魏書》，卷二，〈太祖紀第二〉，頁24；及卷九十五，〈列傳第八十三·鐵弗劉虎傳〉，附〈劉衛辰傳〉，頁2055～56。

〔註22〕 可能意指柔然已糧盡，追之無用。此亦可見當時拓跋鮮卑脫離游牧民族生活型態未久，似仍存有依賴掠奪以維持持續戰力及分配掠奪物資之習性，此也是後文將作分析之「滲透王朝」特色。

〔註23〕 前引魏嵩山《中國歷史地名大辭典》，頁920。

24.晉孝武帝太元二十年（北魏道武帝登國十年，395）「參合陂之戰」。◎	魏王拓跋珪擊滅後燕慕容寶兵團於參合陂（今內蒙涼城南）。〔註 24〕此戰是兩國勢力消長之分野。	平城、盛樂、雲中與五原之線地區。	見第六章第二節。
25.晉孝武帝太元二十一年（北魏道武帝皇始元年，396）「慕容垂攻平城之戰」。	正月，後燕主慕容垂進攻平城，北魏守將拓跋虔戰歿，燕軍到達參和陂而還，途中慕容垂死於上谷。	平城至參合陂之線。	《魏書》，卷二，〈太祖紀第二〉，頁 27；及卷十五，〈昭成子弟列傳第三‧陳留王虔傳〉，頁 381。
26.晉安帝隆安三年（北魏道武帝天興二年，399）正月「北魏道武帝攻高車之戰」。	北魏道武帝親率大軍，分由東道長川（今內蒙興和縣西北）、西道出牛川（魏帝位置）、中道出鮫冉水（今內蒙豐鎮縣西），又以一部（三萬騎）由西北繞擊，渡漠會攻高車。二月，破高車三十餘部及其遺併七部，虜獲人員約三十萬，馬近四十萬匹，牛羊百餘萬頭。本戰，使北魏經濟力量大增。	白道及其以東之陰山地區至漠北。另，衛王儀之三萬別部，可能由稒陽道出陰山。	《魏書》，卷二，〈太祖紀第二〉，頁 34；及卷一百三，〈列傳第九十一‧高車傳〉，頁 2308。
27.晉安帝隆安三年（北魏道武帝天興二年，399）三月「北魏道武帝攻漠南諸部之戰」。	北魏破庫狄、宥連部，徙其別部諸落於塞南。又進擊侯莫陳部，俘虜獲雜畜十餘萬，至大娥谷，置戍而還。	白道南北地區。〔註 25〕	《魏書》，卷二，〈太祖紀第二〉，頁 35；及卷二十九，〈列傳第十七‧奚斤傳〉，頁 697～98。
28.晉安帝元興元年（北魏道武帝天興五年，402）正月「和突擊柔然之戰」。	北魏材官將軍和突，以六千騎擊破黜弗、素古延諸部。柔然可汗社崙遣騎來救素古延，與和突戰於山南河曲，柔然戰敗，退回漠北。	高闕（可能）南北地區。	《魏書》，卷二，〈太祖紀第二〉，頁 39；及卷一百三，〈列傳第九十一‧蠕蠕傳〉，頁 2090；同傳附〈黜弗素、古延傳〉，頁 2313。

〔註24〕　「陂」為澤漳蓄水之地。北魏末，參合陂還是一個周圍七八十里的大波潭。見嚴耕望《治史經驗談》，台北：台灣商務印書館，民85年2月，頁56。

〔註25〕　本戰相關地名不得而考，但據李延壽《北史》，卷六十，〈列傳第四十八‧侯莫陳崇傳〉，頁2147所載：「侯莫陳崇……代武川人也。其先魏之別部，居庫斛真水。祖元，以良家子鎮武川……」（令狐德棻《周書》，卷十六，〈列傳第八‧侯莫陳崇傳〉，頁268。「元」作「允」，餘略同），可見侯陳部自代、魏以來，均居武川。故魏將奚斤擊侯莫部的地點，亦可能在白道附近。

29.晉安帝元興元年（北魏道武帝天興五年，402）十二月「柔然入參合陂之戰」。	柔然可汗社崙聞北魏道武帝率兵進攻後秦姚興，遂乘機犯塞。由白道（判斷）入參合陂，南至犲山及善無北澤（均在今山西右玉縣附近）。北魏遣常山王拓跋遵以萬騎追之，不及。	漠北、白道、雲中至平城之線地區。	《魏書》，卷二，〈太祖紀第二〉，頁40；及卷一百三，〈列傳第九十一‧蠕蠕傳〉，頁2091。
30.晉安帝義熙六年（北魏明元帝永興二年，410）「牛川之戰」。	正月，北魏南平公長孫嵩渡漠攻擊柔然（可能無功）。五月，魏軍自大漠還，被柔然追圍於牛川(今內蒙烏蘭察布盟境內之塔布河)。魏帝拓跋嗣親自率兵出陰山解圍，柔然始退。	白道至漠北地區。	《魏書》，卷三，〈太宗紀第三〉，頁50；及卷一百三，〈列傳第九十一‧蠕蠕傳〉，頁2291。
31.晉安帝義熙十年（北魏明元帝神瑞元年，414）十二月「奚斤追擊柔然之戰」。	柔然紇升蓋可汗（大檀）率眾南徙犯塞，魏帝拓跋嗣親討之，大檀退走。魏帝遣山陽侯奚斤等追之，遇寒雪，士眾凍死墮指者十二三。	白道南北地區（可能）。	《魏書》，卷三，〈太宗紀第三〉，頁54；及卷一百三，〈列傳第九十一‧蠕蠕傳〉，頁2292。
32.晉安帝義熙十四年（北魏明元帝泰常三年，418）正月「弱水之戰」。	魏帝拓跋嗣自長川(今內蒙興和縣西北)詔護高車中郎將率高車、丁零十二部大人眾北略，至弱水(在今外蒙南境)，降者二千餘人，獲牛馬二萬餘頭。	白道（可能）至漠北地區。	《魏書》，卷三，〈太宗紀第三〉，頁58。

　　本時期陰山地區之戰爭，曹魏時期僅有 2 次（戰例 1、2），均爲曹魏對鮮卑柯比能，一次在白道作戰線上，一次可能在高闕、雞鹿塞作戰線上；其餘 30 次均在晉朝。因值胡人大舉內徙，加上中原勢衰，陰山地區遂成割據狀態，交戰對象更加複雜多元。概爲：拓跋鮮卑（包括代、魏兩時期）北略或北巡 4 次（戰例 3、19、21、27），拓跋鮮卑對高車與柔然 9 次（戰例 12、20、22、26、28～32），晉與拓跋代聯合 2 次（戰例 4、5），後趙對鮮卑諸部 4 次（戰例 7～9、11），拓跋鮮卑對匈奴 5 次（戰例 6、10、15、16、23），前秦北伐 2 次（戰例 14、17），匈奴對匈奴 1 次（戰例 18），拓跋魏對慕容燕 2 次（戰例 24、25）。其中，通過陰山道（包括可能）而進行者，概有 15 次，佔總次數的 46.87%；分別爲戰例 3、12、13、17、18、19、20、21、22、26、27、28、29、30、31。其狀況爲：

一、經過白道者

　　總共 14 次。其中，由北向南作戰僅 1 次，爲戰例 29；其餘 13 次均爲由南

向北作戰，分別為戰例 3、12、13、17、18、19、20、21、22、26、28、30、31。

二、經過稒陽道者

僅由南向北作戰 1 次，為戰例 21。

三、經過高闕道者

總共 2 次，戰例 21、27，均為由南向北作戰。

四、經過雞鹿塞道者

總共 3 次。其中，由北向南作戰 1 次，戰例 13；由南向北作戰 2 次，戰例 12、21。

　　以上數據所顯示之意義有四：其一，經過白道而進行之戰爭有 14 次，其餘三道相加才只 6 次，顯示本時期跨陰山之戰爭以白道為主，佔 70%；白道之「陰山第一軍道」地位，至此已告確定。其二，本時期通過陰山而進行之戰爭，佔陰山地區戰爭總次數之 46.87%，較東漢時期之 32.26%為高，與西漢時期之 50%相去不遠，顯示陰山地區又出現類似西漢時期沿陰山南北對立之緊張戰略環境。其三，本時期陰山地區發生戰爭之周期為 6.22 次／年，與東漢之 6.32 年／次概等，但通過陰山進行之戰爭比率較東漢增高，顯示陰山地區戰爭之重心，已由山南地區轉移至跨陰山作戰之上。其四、中原分裂，北中國交戰對象更加複雜，以及由南向北作戰與由北向南作戰之比例為 1：19，顯示北邊戰略環境又由東漢時期的一極多元之不穩定系統，轉變成以白道以南地區為重點，以陰山周邊權力為核心的多極多元「區域衝突」互動型態。

　　另就陰山各道作戰線上發生戰爭次數而言，約為：白道 22 次，稒陽道 10 次，高闕道 9 次，雞鹿塞道 6 次。白道作戰線上發生之戰爭，佔四條作戰線總次數之 46.8%，較西漢時期之 34.2%為高，與東漢時期之 48.83%相近，顯示本時期仍延續東漢時期以白道作戰線為重點之北邊戰略環境。而本時期經由白道而跨越陰山進行之戰爭，佔白道作戰線總作戰次數之 63.64%，較東漢時期之 54.54%為高，亦能旁證北邊戰爭重心推移至陰山之線的事實；此與東漢時期南方大軍在白道作戰線上之戰爭，多止於山南一帶的狀況，顯有差異。

第四節　南北朝時期的陰山戰爭

　　本時期之斷限，由宋文帝元嘉元年（424），至陳朝長城公禎明二年（588）止，共 164 年。陰山地區約發生戰爭 24 場，平均間隔 6.83 年。狀況概如下表：

表四：南北朝時期陰山戰爭表

時間及名稱	戰爭原因、經過與結果	作戰地區	備　　註
1.宋文帝元嘉元年（北魏太武帝始光元年，424）八月「柔然入雲中之戰」。	柔然紇升蓋可汗聞北魏明元帝崩，乃率六萬騎入雲中，殺掠吏民，攻陷盛樂宮。北魏太武帝拓跋燾親率輕騎自平城馳援，三日二夜到達雲中。遣長孫翰、尉眷等將擊柔然於參合以北之柞山（今內蒙土默特左旗北），斬首數千級，獲馬萬餘匹柔然退去。	平城、盛樂、雲中與白道至大漠之線地區。	《魏書》，卷四上，〈世祖紀第四上〉，頁 69～70；卷二十六，〈列傳第十四‧長孫肥、尉古眞傳〉，附〈長孫翰傳〉頁 653、〈尉眷傳〉，頁 656；及卷一百三，〈列傳第九十一‧蠕蠕傳〉，頁 2292。
2.宋文帝元嘉二年（北魏太武帝始光二年，425）十月「北魏太武帝五路伐柔然之戰」。	北魏太武帝北伐柔然，東西五道並進。平陽王長孫翰從黑漠（今內蒙興和北），汝陰公長孫道生從白黑兩漠間（白漠約在今內蒙察哈爾右翼後旗北，即陰山東脈附近），魏帝從中道（可能經白道），東平公娥清從栗園（中道之西，可能經稒陽），宜城王奚斤從西道趨爾寒山（今名不詳，可能在高闕北）。諸軍至漠南，捨輜重，輕騎齎十五日糧，渡漠討之。柔然部落北走避戰，魏軍無功而還。	陰山高闕道以東至漠北。	《魏書》，卷四上，〈世祖紀第四上〉，頁 71；及卷一百三，〈列傳第九十一‧蠕蠕傳〉，頁 2292。
3.宋文帝元嘉六年（北魏太武帝神䴥二年，429）「栗水之戰」。◎	北魏太武帝拓跋燾渡漠擊柔然於栗水（今外蒙翁金河），降高車諸部，徙於陰山，並設「六鎮」鎮撫之。	白道（可能）及黑山以北至漠北之線地區。	見第六章第三節。
4.宋文帝元嘉十五年（北魏太武帝太延四年，438）七月「白阜之戰」。	北魏太武帝自五原北伐柔然。以樂平王丕督十五將出東道（可能經白道），永昌王健出西道（可能經高闕道），魏帝自出中道（稒陽道）。進至浚稽山，中道又分兩路，陳留王崇向涿邪山（今阿爾泰山東南脈），魏帝自向天山（即燕然山，今外蒙杭愛山東脈）。西登白	高闕、稒陽、白道至漠北之線地區。	《魏書》，卷四上，〈世祖紀第四上〉，頁 89；及卷一百三，〈列傳第九十一‧蠕蠕傳〉，頁 2294。

	阜（今外蒙杭愛山西北脈），刻石紀行，不見柔然而還。時漠北大旱，無水草，軍馬多死。		
5.宋文帝元嘉十六年（北魏太武帝太延五年，439）「柔然入善無七介山之戰」。	五月，北魏太武帝征北涼（此戰爲北魏完成統一北中國之戰）時，爲防柔然，以宜都王穆壽守平城，以長樂王嵇敬等率兵二萬鎮漠南。九月，柔然敕連可汗吳提果然乘虛入侵，留其兄乞列歸與北鎮魏軍相拒，自率主力入山南，因穆壽疏忽警戒，柔然得以直入善無七介山（平城西），京師大駭，民爭走中城。後柔然攻勢爲司空長孫道生阻於吐頹山（今名不詳，判斷應在平城與右玉之間），加上此時乞列歸亦爲北鎮魏軍所俘，吳提聞而退兵，魏軍追至漠南而還。	陰山以北及白道、雲中、平城之線地區。	《魏書》，卷四上，〈世祖紀第四上〉，頁90；及卷一百三，〈列傳第九十一·蠕蠕傳〉，頁2294。
6.宋文帝元嘉二十年（北魏太武帝太平眞君四年，443）九月「鹿渾谷之戰」。	太武帝親率大軍，於漠南戰略集中，分四道出擊柔然。樂安王範、建寧王崇各統十五將出東道，樂安王督十五將出西道，車駕出中道，中山王辰領十五將爲中軍後繼。魏帝所部兵團行至鹿渾谷（即鹿渾海之谷也，其東即弱洛水，〔註26〕今外蒙哈爾和林北），與柔然吳提可汗部遭遇，太武帝以兵力猶分散而遲豫不決，未立即發起攻擊，在吳提（大檀之子，號敕連可汗）退走後，魏軍才追至頰根河（今外蒙鄂爾渾河），擊破之。車駕至石水（今外蒙色楞格河上游之哈努依流）而還。〔註27〕	白道以北至漠北之線地區。	《魏書》，卷四下，〈世祖紀第四下〉，頁96；及卷一百三，〈列傳第九十一·蠕蠕傳〉，頁2293～94。惟〈蠕蠕傳〉（頁2294）載魏軍追擊柔然至頰根河「擊破之」，筆者認爲，此乃撰史者虛美之辭，當時狀況恐應是「不及而還」。

〔註26〕《通鑑》，卷一百二十四，〈宋紀六〉，文帝元嘉二十年九月胡注條，頁3901。
〔註27〕《魏書》，卷一百三，〈列傳第九十一·蠕蠕傳〉，頁2293～94。

7.宋文帝元嘉二十六年（北魏太武帝太平眞君十年，449）「太武帝伐柔然處可汗之戰」。	正月，北魏太武帝乘柔然可汗吳提死，其子吐賀眞（處可汗）新立之際，親率大軍，出白道，由漠南分三路兵團渡漠北伐柔然。惟軍行數千里，未見敵蹤。九月，太武帝再次三道北伐，期會地弗池（在外蒙境，今名不詳）。柔然處可汗悉國精銳，圍北魏東道拓跋那兵團數十重，相持數日，處可汗疑魏大軍將至，乃解圍乘夜向穹隆嶺（在外蒙境，今名不詳）方向退去，拓跋那引軍追之，九日九夜，不及，收其所遺輜重。中道拓跋羯兒兵團，則盡獲其人戶畜產百餘萬而還。	白道（可能）以北至漠北之線地區。〔註28〕	《魏書》，卷四上，〈世祖紀第四上〉，頁 103；及卷一百三，〈列傳第九十一·蠕蠕傳〉，頁 2295。
8.宋孝武帝大明二年（北魏文成帝太安四年，458）「拓跋濬北巡之戰」。	十月，北魏文成帝拓跋濬北巡，至陰山，車駕次於車輪山（今名不詳），累石紀行。十一月，車駕北征，騎十萬，車十五萬輛，旌旗千里，遂渡大漠。柔然處可汗遠走，魏帝乃刊石記功而還。	白道（可能）以北至漠北之線地區。〔註29〕	《魏書》，卷五，〈高宗紀第五〉，頁 117；及卷一百三，〈列傳第九十一·蠕蠕傳〉，頁 2295。
9.宋孝武帝大明八年（北魏文成帝和平五年，464）七月「北魏北鎮游軍擊退柔然之戰」。	吐賀眞死，子予成立，爲柔然受羅布眞可汗。率部侵塞，爲魏北鎮遊軍擊退。	陰山以北之線。	《魏書》，卷五，〈高宗紀第五〉，頁 122；及卷一百三，〈列傳第九十一·蠕蠕傳〉，頁 2295。
10.宋明帝泰始六年（北魏獻文	柔然可汗予成犯塞，北魏獻文帝拓跋弘車駕北討，與前	高闕、稒陽、白道以北之漠南草原與	《魏書》，卷六，〈顯祖紀第六〉，頁

〔註28〕本戰，魏軍由何路線出陰山，史書未載。但《魏書》，卷四下，〈世祖紀第四下〉，頁 103 曰：「十年春正月……，帝在漠南，大饗百僚，班賜有差。甲戌，北伐……」可見北魏大軍戰略集中與「戰略分進」位置，是在陰山以北的漠南草原，而白道距平城最近，道上又有皇帝行宮「廣德宮」（見〈世祖紀第四下〉，頁 95）及武川鎮，有利指揮掌握，並較能掩護大軍安全，故筆者判斷北魏大軍出陰山之路線，當以白道爲主。

〔註29〕本戰，魏軍出動「車十五萬兩（輛）」。在陰山各道中，僅白道能「通方軌」，故就道路機動空間言，魏帝北巡大軍應是由白道出陰山。

帝皇興四年，470）九月「拓跋弘擊柔然吳提可汗之戰」。	鋒、後繼、東、西四路兵團會合於女水之濱，精選五千人挑戰柔然，柔然退，魏軍向北追擊，斬首五萬餘級，降者萬餘人。魏帝乃改女水爲武川，並作「北征頌」，刻石紀功。	大漠地區。〔註30〕	130；及卷一百三，〈列傳第九十一・蠕蠕傳〉，頁 2295～96。
11.宋明帝泰始七年（北魏獻文帝皇興五年，471）四月「北魏西部敕勒叛變之戰」。	西部敕勒因不滿北魏殿中尚書胡莫寒挑選殿中武士時收賄與不公，憤而殺胡莫寒，諸部敕勒皆叛。魏帝拓跋弘遣汝陰王天賜、給事中羅雲督眾軍討之，敕勒前鋒詐降，以輕騎數千殺羅雲，大敗魏軍，死者十五六，拓跋天賜雙僅以身免。	敕勒動亂地區，應遍及陰山南北，甚至河西一帶。其擊敗魏軍之地，則可能在雲中以西至河套之間地區。〔註31〕	《魏書》，卷六，〈顯祖紀第六〉，頁131；及卷十九上，〈景穆十二王列傳第七上・汝陰王傳〉，頁450。惟後者將胡莫寒被殺時間載爲「高祖（孝文帝）初」，有誤，從顯祖本紀。
12.宋明帝泰始七年（北魏孝文帝延興元年，471）十月「源賀平沃野、統萬敕勒之戰」。	沃野（今內蒙臨河西南）、統萬（今陝西靖邊東北白城子）敕勒反，孝文帝拓跋宏遣太尉源賀討之，降二千餘落，追至枹罕（今甘肅臨夏）、金城（今甘肅蘭州黃河南岸）一帶，計斬首八千餘級，虜萬餘口，雜畜三萬餘頭。	今陝北、河套、鄂爾多斯高原至蘭州之間地區。	《魏書》，卷七上，〈高祖紀第七上〉，頁135；及卷四十一，〈列傳第二十九〉，頁 921～22。又，拓跋宏於皇興五年八月即帝位，是爲北魏孝文帝，改元延興元年，拓跋弘自爲太上皇帝。見前引《魏書》頁 132、135。

〔註30〕女水在陰山北麓，今內蒙武川縣附近，亦即白道之北。故魏帝之中道兵團係由白道出陰山，到達女水之濱，與其他諸路兵團會，應無爭議。由此推斷，魏軍西路兵團所轄諸軍，則可能由高闕與（或）稒陽道出陰山。而本作戰之時間爲九月，正是漠北游牧民族南徙，在漠南草原散牧準備過冬季節，或非《魏書》所載之「犯塞」；也正因此，魏帝始有從容會諸路大軍於陰山以北，並選精兵向柔然出擊之機會。

〔註31〕自魏世祖（拓跋燾）破柔然，高車、敕勒皆來降。其部落附塞下而居，自武周塞（今山西大同西約 60 公里）外，以西謂之「西部」，以東謂之「東部」，依漠南而居者謂之「北部」。見《通鑑》，卷一百三十三，〈宋紀十五〉，明帝泰始七年三月條胡注，頁4158。由此推斷，西部敕勒應散居於雲中以西至河套之山南地區，而受簡選殿中武士之「豪富」（見《魏書》，卷十九上，〈景穆十二王列傳第七上・汝陰王〉，頁450），則可能居於武川、懷朔與沃野諸鎮附近。

13.宋明帝泰豫元年（北魏孝文帝延興二年，472）「拓跋弘反擊柔然犯塞之戰」。	十月，柔然犯塞，及於五原。十一月，北魏太上皇帝拓跋弘親討之，將渡漠襲擊，柔然聞北魏大軍至，遂退回漠北，魏軍亦未追擊。	柔然可能由高闕與（或）稒陽到進入山南地區，北魏軍則可能出白道攔截求戰。	《魏書》，卷七上，〈高祖紀第七上〉，頁 137。
14.齊高帝建元元年（北魏孝文帝太和三年，479）「柔然聯合南齊共擊北魏之戰」。	宋順帝昇明二年（478），蕭道成（後篡宋，爲齊高帝）輔政，遣驍騎將軍王洪（軌）〔範〕〔註32〕使柔然，剋期共伐北魏。建元元年八月，柔然可汗發三十萬騎南侵，去平成七百里，北魏沿陰山之線防禦，柔然遂於燕然山下縱獵而歸。〔註33〕	陰山以北、白道口東西之線地區。	《南齊書》，卷五十九，〈卷四十·芮芮傳〉，頁 1023。《魏書》，卷七上，〈高祖紀第七上〉，頁 147。柔然兵力載爲：「十餘萬騎」。
15.齊武帝永明三年（北魏孝文帝太和九年，485）十二月「拓跋澄擊退柔然之戰」。	柔然犯魏邊，北魏以任城王拓跋澄率軍討之，柔然退去。	沿邊之線（魏軍反擊地點可能在陰山地區）。〔註34〕	《魏書》，卷七上，〈高祖紀第七上〉，頁 156；及卷十九上，〈景穆十二王列傳第七上·任城王傳〉，462～63。
16.齊武帝永明五年（北魏孝文帝太和十一年	柔然侵魏邊，詔令尚書陸叡爲北征都督，擊柔然，柔然退去。後柔然又犯塞，陸叡	平城（魏都）至雲中、白道、漠南之線（可能）。	《魏書》，卷七上，〈高祖紀第七上〉，頁 162；及卷四

〔註32〕 王洪範上谷人。李延壽《南史》，卷七十九，〈列傳第六十九·夷貊傳〉，附〈蠕蠕傳〉，頁 1987；蕭子顯《南齊書》，卷四十九，〈列傳第三十·張沖傳〉，頁 853。與卷五十九，〈列傳第四十·芮芮虜傳〉，頁 1023，作「王洪軌」。惟《南史》〈齊高帝紀〉、〈江祏傳〉及《南齊書》〈明帝紀〉、〈柳世隆傳〉、〈江祏傳〉、〈魏虜傳〉、《通鑑》齊高帝建元元年八月條，悉作「王洪範」。見《南史》，卷七十，〈列傳第六十·循吏傳〉，附〈王洪範傳〉，注二十一，頁 12726 所載。

〔註33〕 惟王洪軌之通使柔然，雖於宋昇明二年（478）出發，但遲至齊建元三年（481）始到達。（見《南史》，卷七十九，〈列傳第六十九·夷貊下〉，附〈蠕蠕傳〉，頁 1987）故本戰與齊柔結盟無關。又據《通鑑》（卷一百三十五，〈齊紀一〉，高帝建元元年八月條，頁 4233～34）載：「洪範自蜀出吐谷渾，歷西域，乃得達。」路遠耗時，這是王洪範遲達柔然之原因。另外，以當時之里程計算，「陰山去平城六百里」（見沈約《宋書》，卷九十五，〈列傳第五十五·索虜傳〉，頁 2322）。以此推斷，柔然三十萬騎位置，應在以白道（最靠近平城之陰山道）爲中心之陰山北麓漠南草原上。

〔註34〕 拓跋澄襲封雍州（治所長安），加征北大將軍。太和九年柔然犯塞時，又加都督北討諸軍事（見《魏書》，卷十九上，〈景穆十二王列傳第七上·任城王傳〉，462～63），故其責任地區，應是以正對陰山之線的北方爲重心。

，487）八月「陸叡擊柔然之戰」。	率騎五千討之，柔然遁走，魏軍追至石磧，擒其帥赤河突等數百人而還。		十，〈列傳第二十八・陸俟傳〉，附〈陸叡傳〉，頁911。〔註35〕
17.齊武帝永明十年（北魏孝文帝太和十六年，492）八月「王頤與陸叡渡漠擊柔然之戰」。	北魏孝文帝遣懷朔（今內蒙固陽西北）鎮將・陽平王頤與左僕射陸叡，督十二將七萬騎，分三道以擊柔然。中道出黑山（今內蒙包頭西北，在懷朔鎮附近），東道驅士盧河（今名不詳，可能在白道或其以東地區附近），西道趣侯延河（今名不詳，可能在高闕或其以西至今烏蘭布和沙漠之間地區），渡漠攻擊柔然。本戰雖曰「大破蠕蠕而還」，但實際上恐無戰果可言。〔註36〕	以稒陽道爲中心，陰山至大漠之線（可能）。	《魏書》，卷七上，〈高祖紀第七上〉，頁170；卷十九上，〈景穆十二王列傳第七上・京兆王傳〉，頁442；卷四十，〈列傳第二十八・陸俟傳〉，附〈陸叡傳〉，頁911～12。及卷一百三，〈列傳第九十一・蠕蠕傳〉，頁2296～97。惟有關魏軍兵力，〈帝紀〉與〈蠕蠕傳〉皆載「七萬騎」；而〈陸叡傳〉則載「步騎十萬」，略異。可能是後者將步兵列入計算之故。
18.梁武帝普通元年（北魏孝明帝正光元年，520）至二年「北魏介入柔然可汗爭位之戰」。	正光元年九月，柔然可汗阿那瓌被其兄示發所敗，投奔北魏。十一月，孝明帝封阿那瓌爲朔方郡公・蠕蠕王。十二月，阿那瓌私以金百斤賄選宰相元叉，請准其北歸。正光二年正月，阿那瓌向魏帝辭行，魏帝詔令懷朔鎮將楊鈞護送阿那瓌歸漠北。阿那瓌奔魏後，其從父兄婆羅門率數萬人擊走示發，被擁立爲可汗。二月，魏帝遣牒云具仁爲使，勸說	懷朔（今內蒙包頭市）、稒陽至漠北之間地區。	《魏書》，卷九，〈肅宗紀第九〉，頁231，及卷一百三，〈列傳第九十一・蠕蠕傳〉，頁2298～301。

〔註35〕惟《魏書・蠕蠕傳》無太和十一年柔然犯塞及魏軍征討事，〈高祖紀第七上〉所曰「事具蠕蠕傳」，有誤。見《通鑑》，卷一百三十七，〈齊紀三〉，武帝永明十年八月條胡注引《考異》，頁4322。

〔註36〕本戰之後，或因柔然內部權力的衰落，部內高車阿伏至羅率眾十餘萬落西走，自立爲王。而柔然在追擊該部途中，豆崙可汗與其叔父那蓋產生內鬥，族人襲殺豆崙母子，那蓋乃襲可汗位。之後，柔然即少有掠邊，至正始三年（506），開始向魏請求通和。見《魏書》，卷一百三，〈列傳第九十一・蠕蠕傳〉，頁2296～97。

	婆羅門迎阿那瓌復藩，被拒，且態度驕慢。但婆羅門卻又假意派二千兵，隨北魏使者歸，欲迎阿那瓌。五月，具仁返回懷朔鎮，向待北歸之阿那瓌論彼事勢，阿那瑰慮不敢回，表求還京。會婆羅門爲高車所逐，率十部落詣涼州降魏。阿那瓌才得以在數萬柔然部民相迎之下，回到漠北，再就可汗位。		
19.梁武帝普通四年（北魏孝明帝正光四年，523）「李崇追擊柔然之戰」。	柔然大饑，入塞寇抄，並持節前往喻之的北魏尚書左丞元（拓跋）孚，南過至舊京（平城），驅掠良口二千，公私驛馬牛羊數十萬北遁，始將孚放回。魏帝遣驃騎大將軍李崇率騎十萬討之，出塞三千餘里，至瀚海，不及而還。	平城、白道至漠北之線。及柔玄（今内蒙興和縣西北）、懷荒之間地區。	《魏書》，卷十八，〈太武五王列傳第六·臨淮王傳〉，附〈元孚傳〉，頁424～26；卷六十六，〈列傳第五十四·李崇傳〉，頁1473；及卷一百三，〈列傳第九十一·蠕蠕傳〉，頁2302。
20.梁武帝普通五年（北魏孝明帝正光五年，524）至六年（北魏孝明帝孝昌元年，525）〔註37〕「六鎮之亂白道戰役」。◎	沃野鎮（今内蒙五原縣東北）匈奴人破落汗拔陵反，殺鎮將自立，諸鎮響應，是謂「六鎮之亂」。拔陵於白道附近連續擊敗魏軍，後北魏向柔然求援，此亂始平，但北魏亦元氣大傷。	漠南草原及懷荒（今河北張北）、白道、梱陽、高闕、五原之間地區。	見第六章第四節。
21.梁元帝承聖元年（西魏廢帝元年，北齊天保三年，552）「突厥土門擊敗柔然之戰」。◎	突厥土門發兵擊柔然，大破之於懷荒（今河北張北）北，柔然可汗阿那瓌自殺，其子庵羅辰奔齊。土門自號依利可汗，突厥由是興起。	陰山沃野鎮南北之線，及懷荒鎮以西以北地區。	見第六章第五節。

〔註37〕本事件發生時間，《魏書》（卷一百三，〈列傳第九十一·蠕蠕傳〉，頁2302）載爲正光五年（524），《通鑑》（卷一百四十九，〈梁紀五〉，武帝普通四年〔523〕二月條，頁4672）所載，則提早一年。根據朱大渭考證，認爲《魏書》正確（見氏著〈北魏末年人民大起義若干史實的辨析〉，收入《中國農民戰爭史論叢》，第三輯，河南人民出版社，1984年4月，頁9），從之。

22.梁元帝承聖三年（北齊天保五年，554）「柔然圍高洋於恆州之戰」。	三月，柔然庵羅辰叛逃北遁，北齊文宣帝高洋追擊，破之。四月，柔然又寇肆州（治所在今山西忻縣），高洋又親討，但脫離本隊，致僅率千餘騎與柔然數萬遭遇，被圍於恆州（治所在今山西大同）。高洋指揮自若，遂潰圍而出，並在柔然退卻之時追擊，獲庵羅辰妻子及生口三萬餘人。	今晉北至白道以南之線。	李百藥《北齊書》，卷四，〈帝紀第四・文宣〉，頁58。
23.梁敬帝紹泰元年（北齊天保六年，555）「北齊擊柔然之戰」。	六月，高洋率大軍出塞征討柔然，至庫狄谷（今名不詳），百餘里內無水泉，六軍渴乏。七月，高洋頓白道，留輜重，親率輕騎五千追柔然，及於懷朔，遂至沃野，獲口二萬餘，牛羊數十萬而還。	晉陽、平城、白道以北（可能入漠）、懷朔、沃野之線地區。	《北齊書》，卷四，〈帝紀第四・文宣〉，頁60。
24.陳文帝天嘉四年（北齊武成二年，北周保定三年，563）至五年「北周聯合突厥進攻北齊之戰」。	北周保定三年九月，周武帝宇文邕遣隨國公楊忠，率領步騎一萬，與突厥聯合南下進攻北齊。派大將軍達奚武率三萬步騎，自南道出平陽（今山西臨汾），成南北夾擊之勢，約定會師於晉陽。十二月，楊忠乃過沃野，出武川，進入齊地，席捲二十餘鎮，突破齊軍設於陘嶺（今山西代縣西北）隘道之防線。適突厥三可汗率十萬騎來會，自恆州（今山西大同）分三路繼續南下。齊帝高湛親調大軍，由鄴馳援晉城。四年正月，北周與突厥聯軍攻晉陽，時值大雪數旬，風寒慘烈，齊軍悉其精銳，鼓噪而出，突厥震撼，引上西山不肯戰。楊忠孤軍難敵，乃退，齊軍亦未追擊。突厥於是縱兵大掠，自晉陽至平城，人畜子無遺。	沃野、白道、恆州、平陽、晉陽之線地區。	《周書》，卷十九，〈列傳第十一・楊忠傳〉，頁318；及卷五十，〈列傳第四十二・異域下〉，附〈突厥傳〉，頁911。《北史》，卷九十九，〈列傳第八十七・突厥傳〉，頁3289；及《北齊書》，卷七〈帝紀第七・武成〉，頁92；所載略同。

　　本時期陰山地區之戰爭，均爲北中國胡人政權與北方游牧民族間的衝突。概爲：北魏對柔然 16 次（戰例 1～10、13～17、19），北魏對附塞敕勒 2 次（戰例 11、12），北魏介入柔然可汗爭位 1 次（戰例 18），柔然助北魏平定內亂 1 次（戰例 20），突厥對柔然 1 次（戰例 21），北齊對柔然 2 次（戰例 22、23）、北周聯合突厥對北齊 1 次（戰例 24）。其中，通過陰山道（包括可能）而進行者，約有 20 次，佔總次數的 83.33%；分別爲戰例 1～10、13～21、23。其狀況爲：

　　一、經過白道者

　　總共 17 次。其中，由北向南作戰 7 次，分別爲戰例 1、5、9、14、15、20、21；由南向北作戰 10 次，分別爲戰例 2、3、4、6、7、8、10、16、19、23。

　　二、經過稒陽道者

　　總共 9 次。其中，由北向南作戰 5 次，分別爲戰例 9、13、15、20、21；由南向北作戰 4 次，分別爲戰例 2、4、10、18。

　　三、經過高闕道者

　　總共 7 次。其中，由北向南作戰 3 次，分別爲戰例 9、13、15；由南向北作戰 4 次，分別爲戰例 2、4、10、20。

　　四、經過雞鹿塞道者

　　總共 2 次，戰例 9、15，均爲由北向南作戰。

　　以上數據所顯示之意義有四：其一，經過白道而進行之戰爭有 17 次，但其餘三道相加亦有 18 次，顯示本時期跨陰山之戰爭雖仍以白道爲主，但也相當程度使用其他各道；惟南方政府未曾通過雞鹿塞道用兵。其二，本時期通過陰山而進行之戰爭，佔陰山地區戰爭總次數之 83.33%，遠較以前各時期爲高，顯示北邊呈現以陰山爲中心之權力對立戰略環境。其三，本時期陰山地區發生戰爭之周期爲 6.83 次／年，較以前各時期爲長，顯示跨陰山之戰爭雖增多，但周邊地區之戰爭則減少。其四，本時期南方以北魏爲主，北方先有柔然，後有突厥，由南向北作戰與由北向南作戰之比例爲 17：18，顯示南北雙方相互取攻勢之行動概等，北邊戰略環境又出現類似西漢時期漢匈之間的兩極緊張對立局面。

　　另就陰山各道作戰線上發生戰爭次數而言，約爲：白道 21 次，稒陽道 11 次，高闕道 10 次，雞鹿塞道 4 次。白道作戰線上發生之戰爭，佔四條作戰線總次數之 45.65%，顯示白道作戰線上仍是陰山戰爭之主要戰場所在。

第五節 隋朝時期的陰山戰爭

本時期之斷限，由隋文帝開皇元年（589），至隋恭帝義寧元年（617）止，共 28 年。陰山地區約發生戰爭 15 場，平均間隔 1.87 年。狀況概如下表：

表五：隋朝時期陰山戰爭表

時間及名稱	戰爭原因、經過與結果	作戰地區	備　註
1.隋文帝開皇二年（582）「李充等擊突厥之戰」。	四月，大將軍韓僧壽破突厥於雞頭山（今甘肅平涼西），上柱國李充破突厥於河北山（今內蒙包頭市西）。六月，李充又破突厥於馬邑。	隴西及今包頭至河套，與晉北之間地區。	魏徵《隋書》，卷一，〈帝紀第一‧高祖上〉，頁 16～17。
2.隋文帝開皇三年（583）四月「白道之戰」。◎	突厥屢劫北邊，隋文帝詔令衛王楊爽等為行軍元帥，分八道出塞，對突厥發動反擊作戰。大破突厥沙鉢略可汗於白道。	朔州至白道之間地區（隋軍亦可能為越陰山追擊）。	見第七章第一節
3.隋文帝開皇三年（583）五月「突厥內鬥之戰」。	沙鉢略素忌阿波可汗驍悍，自白道敗歸後，又聞阿波將歸附於隋。因先歸（當時阿波仍在塞上，使人隨長孫晟入朝），遂襲阿波北牙（于都斤山，即今蒙古杭愛山之北），〔註38〕大破之，殺阿波之母。阿波還，無所歸，西奔達頭可汗（即玷厥，突厥於是分為東西兩國）。達頭大怒，遣阿波率兵十餘萬東來，其部落歸之者，亦數萬。遂與沙鉢略相攻，復得故地，阿波之勢益張。沙鉢略則陷於東畏契丹，西為達頭所困的不利態勢。	陰山以北至漠北地區。	杜佑《通典》，卷一百九十七，〈邊防十三‧突厥上〉，北京：中華書局，1996.8。頁5405；《隋書》，卷五十一，〈列傳第十六‧長孫覽傳〉，附〈長孫晟傳〉，頁 1331～32；及卷八十四，〈列傳第四十九‧突厥傳〉，頁1968。
4.隋文帝開皇五年（585）「隋與沙鉢略聯合攻	七月，沙鉢略四面受敵，乃上表向隋稱臣，請將部落度漠南，隋文帝准其入	五原（可能）、白道及陰山以北地區。	《隋書》，卷八十四，〈列傳第四十九‧突厥傳〉，頁 1869～70。

〔註38〕有關阿波北牙位置。見馬長壽《突厥人和突厥汗國》，上海：人民出版社，1957年 5 月，頁 25。

其他突厥之戰」。	居白道川。並詔晉王楊廣，以兵援之，給以衣食，賜以車服鼓吹。沙鉢略因西擊阿波，破之。而阿拔國部落（可能位於沙鉢略西南）乘虛掠其妻子，隋軍擊敗阿拔，將虜獲全部給予沙鉢略。沙鉢略大喜，乃立約，以大磧為界，上表願永為隋之藩附。		
5.隋文帝開皇七年（587）至八年「東突厥西征之戰」。	七年四月，沙鉢略卒，處羅侯立，是為莫何可汗。莫何勇而有謀，以隋所賜旗鼓西征阿波。阿波部下以為莫何得隋兵相助，多來降附，遂生擒阿波。八年十一月，莫何又西征，中流矢而卒，眾奉雍虞閭為主，是為都蘭可汗。	白道至漠北。	《隋書》，卷五十一，〈列傳第十六‧長孫覽傳〉，附〈長孫晟傳〉，頁 1332；及卷八十四，〈列傳第四十九‧突厥傳〉，頁 1970～71。惟同書卷一，〈帝紀第一‧高祖上〉，頁 25 載：「突厥沙鉢略可汗卒，其子雍虞閭嗣立，是為都蘭可汗。」紀傳互異，今依突厥本傳（《通鑑》引用同）。
6.隋文帝開皇十九年（599）二～四月「隋與突厥達頭、都蘭可汗之戰」。	自開皇初起，隋即不斷對突厥施以離間分化策略，致突厥內戰不已。十七年，隋文帝允都蘭可汗之弟染干（號突利可汗，即日後之啟民可汗），娶隋安義公主為妻，並故意給予優遇，以離間都蘭。都蘭果被激怒，朝貢遂絕，數為邊患。十八年，隋文帝詔蜀王楊秀出靈州道，以擊突厥。十九年二月，突利奏報都蘭製造攻具，欲攻大同城（今內蒙烏拉特前旗東北，約在包頭北），隋文帝又詔隋軍由朔州、靈州、幽州三路，出擊突厥。都蘭得知隋軍來攻，與達頭結盟，合力掩襲突利，大戰於長城下（可能	今晉北、白道之間至陰山以北地區。	《隋書》，卷五十一，〈列傳第十六‧長孫覽傳〉，附〈長孫晟傳〉，頁 1333～34；卷七十四，〈列傳第三十九‧酷吏傳〉，附〈趙仲卿傳〉，頁 1697。及卷八十四，〈列傳第四十九‧突厥傳〉，頁 1872。

	是今山西大同市與朔縣以北之長城），突利戰敗，兄弟子姪被殺，部落亡散，被長孫晟誘入伏遠鎮（今大同市西北）。都蘭則率部渡河（可能是桑干河）進入蔚州（治所在今山西靈丘）。四月，高熲以趙仲卿率兵三千爲前鋒，擊突厥，至族蠡山（今山西右玉北），與突厥遇，交戰七日，破之。追至乞伏泊（今內蒙察哈爾右翼前旗黃旗海），再敗突厥，但突厥主力亦至。趙仲卿以方陣四面拒戰，經五日，會高熲大軍至，合擊之，突厥乃敗走，隋軍追度白道，踰陰山七百餘里而還。		
7.隋文帝開皇二十年（600）「史萬歲、長孫晟擊突厥達頭可汗之戰」。	啓民居大利城，其部落遷於河南後，都蘭仍侵掠不已，隋文帝乃遣晉王楊廣與越國公楊素出靈州，行軍總管韓僧壽出慶州，太平公史萬歲出燕州，大將軍姚辯出河州，以擊都蘭。十九年十二月，師未出塞，都蘭爲其麾下所殺，達頭自立爲步迦可汗，又來掠邊。與奉詔出朔州以擊突厥之史萬歲部遭遇於大斤山（即陰山），突厥不戰而退，隋軍追斬二千餘人。靈州方面，楊廣遣秦州行軍總管長孫晟率突厥降眾爲前鋒，與達頭遇，因取諸藥毒水上流，達頭人畜飲之多死，乃乘夜而退，隋軍追擊，斬首千餘級。	白道及高闕、雞鹿塞道（可能）至漠南地區。	《隋書》，卷五十一，〈列傳第十六‧長孫覽傳〉，附〈長孫晟傳〉，頁 1334～35；卷五十三，〈列傳第十八‧史萬歲傳〉，頁 1335～36；卷六十七，〈列傳第三十二‧裴矩傳〉，頁1578；及卷八十四，〈列傳第四十九‧突厥傳〉，頁 1873。又，有關史萬歲兵團之作戰線，《隋書》〈突厥傳〉載「出燕州」，〈史萬穗傳〉載「出馬邑道」，〈裴矩傳〉載「出定襄道」。三點連線，可知史萬歲應由白道出陰山。
8.隋文帝仁壽元年（601）正月「恆安之戰」。	隋文帝以突利爲啓民可汗後，尋遣五萬人於朔方築大利城（今內蒙和林格爾西北土城子），以處啓民。	今大同以北之線。	《隋書》，卷二，〈帝紀第二‧高祖下〉頁46；卷五十二，〈列傳第十七‧韓洪傳〉，頁

	又顧慮達頭掩襲啓民，令趙仲卿屯兵二萬於定襄，代州總管韓洪等人將步騎一萬於恆安鎮（今山西大同東北），以備突厥。會達頭十萬騎前來進攻恆安，韓洪軍大敗，被圍於城內，最後韓洪詐降，乘突厥疏忽之際，突圍而逃，突厥未予追擊。		1342～43；及卷八十四，〈列傳第四十九·突厥傳〉，頁 1873。
9.隋文帝元壽元年（601）十月「樂寧之戰」。	突厥自恆安退兵時，趙仲卿自樂寧鎮（可能在今內蒙和林格爾至察哈爾右翼前旗之間）邀擊，突厥被殺千餘人，回陰山以北。	今大同、白道至陰山以北地區。	《隋書》，卷二，〈帝紀第二·高祖下〉，頁46；及卷七十四，〈列傳第三十九·酷吏傳〉，頁 1697。
10.隋文帝仁壽二年（602）「隋助啓民可汗反擊突厥思力俟斤之戰」。	元年十一月，隋文帝詔楊素為雲州道行軍元帥，率啓民北征突厥。二年三月，突厥思力俟斤等南渡河（啓民部落散牧於河南夏、勝兩州之間），掠啓民南女六千口，雜畜二十餘萬而去。楊素率諸軍追擊，轉戰六十餘里，大破之。突厥北走，素復乘夜進追，又破；悉得人畜以歸啓民。楊素在追擊過程中，又遣柱國張定國等自別路邀擊突厥，多有斬獲。而原先已渡河之突厥，復掠啓民部落，楊素又率驃騎范貴奮擊於窟結谷（今名不詳，可能在今鄂爾多斯高原北部臨黃河一帶），復破之，追奔八十餘里，突厥退向磧北。	陰山以南至鄂爾多斯高原北部一帶地區。	《隋書》，卷四十八，〈列傳第十三·楊素傳〉，頁 1286；及卷八十四，〈列傳第四十九·突厥傳〉，頁 1873～74。
11.隋煬帝大業十一年（615）「雁門之戰」。	隋煬帝北巡，被突厥始畢可汗圍於雁門月餘，後援軍將至，突厥始退。	今大黑河流域至晉北一帶。	見第七章第二節。
12.隋煬帝大業十二年（616）「李淵抗擊突厥之戰」。	突厥始畢可汗率騎數萬進攻馬邑，煬帝令河東慰撫大使李淵，與馬邑太守王仁恭，率兵抗擊。時馬邑	馬邑以北地區。	《隋書》，卷六十五，〈列傳第三十·王仁恭傳〉，頁 1535～36；歐陽修《新唐書》，卷

	郡兵不滿三千（加上李淵部眾不滿五千），李淵乃選精騎二千爲游軍，居處飲食隨水草如突厥，而射獵馳騁示以閒暇，別選善射者伏爲奇兵，突厥人見之，疑不敢戰，隋軍乘而擊之，突厥敗走。		一，〈本紀第一‧高祖〉，頁2。有關李淵與王仁恭「兩軍眾不滿五千」之記載，見《通鑑》，卷一百八十三，〈隋紀七〉，煬帝大業十二年十二月條，頁5717。
13.隋煬帝大業十二年（616）「王仁恭擊突厥之戰」。	其後，突厥復入定襄（治所大利城，今被蒙和林格爾西北土城子），王仁恭率兵四千掩擊，斬首千餘級，大獲六畜而歸。	定襄附近。	《隋書》，卷六十五，〈列傳第三十‧王仁恭傳〉，頁1536。
14.隋恭帝義寧元年（617）二月「梁師都聯合突厥攻隋之戰」。	朔方（治所在今内蒙烏審旗南白城子）鷹揚郎將梁師都殺郡丞唐（世）宗，據郡反，北連突厥。隋將張世隆擊之，反爲所敗。三月，梁師都掠雕陰（治所今陝西綏德）、弘化（治所今陝西慶陽）、延安（治所今陝西延安）等郡，稱帝，國號梁。突厥始畢可汗遺以狼頭纛，號爲大度毗迦可汗。梁師都並引突厥居河南之地，攻破鹽川（治所今陝西定邊）。	今陝北及鄂爾多斯高原一帶。	劉昫《舊唐書》，卷五十六，〈列傳第六‧梁師都傳〉，頁2280。又，《新唐書》，卷八十七，〈列傳第十二‧梁師都傳〉，頁3730；及《通鑑》，卷一百八十三，〈隋紀七〉，恭帝義寧元年二及三月條，頁5718，5724。所載同。
15.隋恭帝義寧元年（617）「劉武周聯合突厥攻隋之戰」。	大業十三年，馬邑鷹揚府校尉劉武周與其徒張萬歲殺王仁恭，據馬邑，自稱太守，遣使附突厥。義寧元年二月，雁門丞陳孝意與虎賁將王智辯合兵圍其於桑乾鎮（馬邑東南），會突厥軍大至，共同擊敗隋軍。陳孝意奔還雁門，爲部人所殺，以城與劉武州。三月，劉武州襲破樓煩郡，進取汾陽宮，獲隋宮人以賂突厥，始畢以馬報之。乃攻陷定襄，復歸於馬邑。突厥立劉武州爲定楊可汗，遺以狼頭纛，因稱皇帝。	樓煩、雁門以北，至定襄之線地區。	《舊唐書》，卷五十五，〈列傳第五‧劉武州傳〉，頁2253。又，《新唐書》，卷八十六，〈列傳第十一‧劉武州傳〉，頁3711～12；及《通鑑》，卷一百八十三，〈隋紀七〉，恭帝義寧元年二及三月條，頁5719，5723，所載同。

　　本時期陰山地區之戰爭，幾乎都與突厥有關，概為：隋朝對突厥8次（戰例1、2、7～9、11～13）、突厥內戰2次（3、5）、隋朝與降附突厥聯合對其他突厥部落3次（戰例4、6、10）、突厥與割據勢力聯合對隋朝2次（戰例14、15）。其中，通過陰山道（包括可能）而進行者，約有5次（戰例4～8）。其狀況為：

　　一、經過白道者

　　總共5次。其中，由北向南作戰1次，為戰例8；由南向北作戰4次，分別為戰例4、5、6、7。

　　二、經過稒陽道者

　　1次，戰例4，為由南向北作戰。

　　三、經過高闕道者

　　1次，戰例7，為由南向北作戰。

　　四、經過雞鹿塞道者

　　1次，戰例7，為由南向北作戰。

　　另就陰山各道作戰線上發生戰爭次數而言，約為：白道14次，稒陽道4次，高闕道3次，雞鹿塞道1次。

　　以上數據所顯示之意義有四：其一，經過白道而進行之戰爭有5次，佔本時期跨陰山作戰總次數之62.5%，顯示白道仍是陰山最重要之軍道。其二，本時期陰山地區發生戰爭之周期為1.87次／年，為中古時期之最高峰（中古時期陰山地區戰爭平均值為6.08次／年），但通過陰山而進行之戰爭，僅佔陰山地區戰爭總次數之33.33%，尤較東漢時期之35.48%為低，顯示陰山戰爭之主戰場，又由陰山白道附近，向南推移至白道以南的大黑河與桑乾河流域一帶（白道作戰線上）。其三，雁門戰前，跨陰山由南向北作戰與由北向南作戰之比例為1：7，南方明顯掌握主動；但在雁門戰後，所有陰山戰爭均在山南地區進行，顯示南方政府之力量已向內退縮。其四，由於本時期陰山地區戰爭發生之周期甚短，並全與突厥有關，顯示北邊處於隋突兩極對立之極不穩定戰略環境中，其緊張程度似遠超過柔然、北魏對抗時期。

第六節　唐朝時期的陰山戰爭

　　本時期之斷限，由唐高祖武德元年（618），至唐昭宣帝天祐三年（906）

唐亡止，共 288 年。陰山地區約發生戰爭 44 場，平均間隔 6.55 年。狀況概如下表：

表六：唐朝時期陰山戰爭表

時間及名稱	戰爭原因、經過與結果	作戰地區	備　註
1.唐高祖武德四年（621）「苑君璋聯合突厥攻雁門之戰」。	武德三年，劉武周進攻太原失敗，奔突厥，被突厥所殺。突厥又以劉武周之內史令苑君璋（駐馬邑）為大行臺，統劉武周部曲，使郁射設監兵。四年四月，突厥頡利可汗（處羅之弟啟民第三子）與苑君璋將兵六千（《新唐書》載「萬騎」），共攻雁門，為定襄王李大恩擊退。	定襄、馬邑、雁門之線。	《舊唐書》，卷五十五，〈列傳第五・劉武周傳〉頁 2255；卷一百九十四上，〈列傳第一百四十四上・突厥上〉，頁 5155；及《新唐書》，卷九十二，〈列傳第十七・苑君璋傳〉，頁 3804～05；卷二百一十五，〈列傳第一百四十上・突厥上〉，頁 6030。另，《通鑑》，卷一百八十九，〈唐紀五〉，高祖武德四年四月條，頁 5911，所載略同。
2.唐高祖武德五年（622）「新城之戰」。	春，李大恩奏稱突厥饑荒，馬邑可圖。高祖乃詔李大恩與殿內少監獨孤晟率兵討苑君璋，期以二月會師於馬邑。但獨孤晟未按時到達，李大恩不能獨進，於是李大恩頓兵新城（樓煩關北，馬邑之南），以待獨孤晟。四月，突厥頡利可汗遣數萬騎，與河北劉黑闥合軍，進圍李大恩於新城，高祖派右驍衛大將軍李高遷救之未至大恩已歿於陣，唐軍死者數千人，李高遷遂屯兵忻州。五月，突厥又攻忻州，為李高遷擊退。	定襄、馬邑、樓煩、忻州之線。	《舊唐書》，卷五十七，〈列傳第七・劉文靜傳〉，附〈李高遷傳〉，頁 2297；卷一百九十四上，〈列傳第一百四十四上・突厥上〉，頁 5155～56。《新唐書》，卷八十八，〈列傳第十三・裴寂傳〉，附〈李高遷傳〉，頁 3740～41；卷二百一十五，〈列傳第一百四十上・突厥上〉，頁 6030。及《通鑑》，卷一百八十九，〈唐紀六〉，高祖武德五年四月條，頁 5950；五月條，頁 5951。
3.唐高祖武德五年（622）「建成太子與李世民迎擊突厥之戰」。	八月，突厥頡利可汗率十五萬騎入雁門，圍并州（今太原西南），深鈔汾（治所在今山西汾陽）、潞（治所在今山西長治兩地均在太原之南），虜男女數千人。此外，突厥又分數千騎轉	主戰場在今晉中、晉北至內蒙和林格爾一帶地區。支戰場在今鄂爾多斯高原南緣及河套以南、鄂爾多斯	《新唐書》，卷二百一十五，〈列傳第一百四十上・突厥上〉，頁 6030～31。及《通鑑》，卷一百九十，〈唐紀六〉，高祖武德五年八月條，頁 5954；九月條，頁 5955。

	掠原（今甘肅固原）、靈（今寧夏靈武）間。於是高祖詔建成太子將兵出豳州（治所在今陝西彬縣，惟太子九月即班師），秦王李世民將兵出蒲州道（即泰州〔治所在今山西河津東南〕方向），以正面迎擊突厥。另以雲州（治所雲中，在今大同市東北）總管李子和出雲中，掩突厥主力（可汗部）側背；以左武衛將軍段德操趨夏州（治所在今陝西靖邊），攔截突厥轉掠原靈之部。九月，唐突兩軍陸續沿接觸線展開小規模會戰。後頡利聞秦王大軍且至，乃引兵出塞。	高原以西之黃河兩岸地區。	又有關頡利兵力，《新唐書》與《通鑑》均載「十五萬騎」；《舊唐書》則載「五萬騎」（見卷一百九十四上，〈列傳第一百四十四上‧突厥上〉，頁5156。），略異。
4.唐高祖武德六年（623）「苑君璋與突厥聯合攻陷馬邑之戰」。	五月，苑君璋與其將高滿政夜襲代州（治所雁門），被唐軍擊退。適唐高祖遣人招降苑君璋，高滿政勸苑君璋殺突厥兵降唐，苑君璋不從。高滿政乃夜襲苑君璋，苑君璋逃入突厥。六月，高滿政以馬邑來降，唐高祖封其為朔州總管。七月，苑君璋引突厥兵攻陷馬邑，殺高滿政，夷其黨，乃去，退保恆安（今山西大同東北）。	定襄、馬邑、朔州、恆安之間地區。	《新唐書》，卷九十二，〈列傳第十七‧苑君璋傳〉，頁3805。另《舊唐書》，卷五十五，〈列傳第五‧劉武周傳〉，頁2255～56；及《通鑑》，卷一百九十，〈唐紀六〉，高祖武德六年五月條，頁2967～68；六月條，頁5968；六月條，頁5969；十月條，頁5973。除對苑君璋寇代州之過程記載有異外，其餘略同。
5.唐高祖武德七年（624）「李世民計退突厥之戰」。	六月，突厥寇代州（治所在今山西代縣）之武周城（今山西左云，東距今大同市約60公里），為州兵擊退。七月，苑君璋引突厥寇朔州，為總管秦武通擊卻之。後又與突厥吐利設寇并州與朔州。八月，突厥頡利、突利二可汗舉國入寇，〔註39〕		

〔註39〕《舊唐書》載，突厥「自原州入寇」（卷二，〈本紀第二‧太宗上〉，頁29）。但吾人由其兵至忻、并、綏三州之狀況，可知當時突厥可能是沿東西兩條分離之作戰線，向關中方向取攻勢。

	連營而下，兵至忻、并、綏（治所在今陝西綏德，東距黃河約40公里）三州之線，京師戒嚴。李世民引兵拒之，會關中久雨，糧運阻絕，士卒疲於征役，器械頓敝，朝廷及軍中咸以爲憂。兩軍在豳州遭遇，勒兵將戰，頡利率萬騎陣於五隴陂（今名不詳），唐軍震恐。李世民施反間之計，分化頡利與突利，突利乃有歸心，不欲戰。頡利亦無以強之，遂請和結盟而去。	今固原與大黑河流域至晉、陝之間沿黃河流域兩側地區。	《舊唐書》，卷二，〈本紀第二・太宗上〉，頁29；卷一百九十四上，〈列傳第一百四十四上・突厥上〉，頁5156。《新唐書》，卷一，〈本紀第一・高祖〉，頁17；卷二，〈本紀第二・太宗〉，頁27；卷二百一十五，〈列傳第一百四十上・突厥上〉，頁6031。及《通鑑》，卷一百九十一，〈唐紀七〉，高祖武德七年六、七、八月條，頁5988～89、5991～93。
6.唐高祖武德八年（625）「突厥擊敗張謹之戰」。	七月，突厥可汗頡利集兵十餘萬，劫掠朔州，並擊敗代州都督藺謩於新城（樓煩關北，馬邑之南）附近。唐高祖令右衛大將軍張謹屯石嶺（今山西忻縣南），李高遷趨太谷（今山西太原南），採取防禦。八月，突厥進攻，寇潞（今山西長治）、沁（今山西沁源）、韓（今山西襄桓）三州，並在太原附近擊潰唐軍，張謹全軍覆沒，脫身奔於李靖，行軍長史溫彥博被突厥俘虜，因於陰山。	今和林格爾至晉北、晉中之線地區。	《舊唐書》，卷六十一，〈列傳第十一・溫大雅傳〉，附〈溫彥博傳〉，頁2360～61；卷一百九十四上，〈列傳第一百四十四上・突厥上〉，頁5157。另《新唐書》，卷九十一，〈列傳第十六・溫大雅傳〉，附〈溫彥博傳〉，頁3782；卷二百一十五，〈列傳第一百四十上・突厥上〉，頁6032。及《通鑑》，卷一百九十一，〈唐紀七〉，高祖武德八年六、八月條頁5996～97；所載略同。
7.唐太宗貞觀元年（627）「頡利遣吉利北討之戰」。	武德九年（626）六月，突厥郁射設萬騎屯河南，入塞，圍烏城（屬鹽州，在今陝西定邊）。八月，頡利、突厥兩可汗自率大軍自涇州（治所在今甘肅涇川北之汭河北岸）、武功（東距今陝西咸陽市約70公里）進抵渭水便橋，迫使甫即位之唐太宗刑白馬與其結盟才撤軍（筆者未將以上事件列入陰山戰爭）。後因頡利政亂，陰山以北原依附於東突厥，受頡利子欲谷設統治之薛延陀	可能在稒陽、白道以東出陰山，至漠北地區之線（頡利爲莫賀咄設時建牙直五原之北，爲可汗時其牙應在大利，突利則建牙直幽州之北；故突厥北討大軍可能由稒陽以東各道出陰山）。	《舊唐書》，卷一百九十四上，〈列傳第一百四十四上・突厥上〉，頁5155，5158；《新唐書》，卷二百一十五，〈列傳第一百四十上・突厥上〉，頁6029，6034。及《通鑑》，卷一百九十一，〈唐紀七〉，高祖武德九年六月條，頁6007；卷一百九十二，〈唐紀八〉，太宗貞觀元年十二月條，頁6045～46；及貞觀二年四月條，頁6049。

	、迴紇、拔也古等部，皆相率背叛，擊走欲谷設。貞觀元年，頡利遣突利討之，師又敗績，輕騎奔還。頡利怒，拘之十餘日，突利由是怨望，內欲背之。〔註40〕本戰之後，迴紇勢振，薛延陀又破東突厥四設，頡利不能制。會大雪，羊馬多死，東突厥益衰。		
8.唐太宗貞觀二年（628）四月「頡利攻突利之戰」。	頡利發兵由西向東進攻突利，突利求救於唐，奏請擊之。然唐太宗與頡利有盟，又與突利約爲昆仲，不知如何處置。後從兵部尚書杜如晦「亂而擊之」之所諫，乃詔秦武通以并州兵馬，隨變應接。又詔將軍周範沿太原之線防禦，以備突厥窺邊。	陰山東段至燕山西段南北之間地區（頡利可能出白道經由漠南草原進攻突利）。	《舊唐書》，卷一百九十四上，〈列傳第一百四十四上‧突厥上〉，頁5158；《新唐書》，卷二百一十五，〈列傳第一百四十上‧突厥上〉，頁6034。及《通鑑》，卷一百九十二，〈唐紀八〉，太宗貞觀二年四月條，頁6049～50。
9.唐太宗貞觀二年（628）「唐滅梁師都之戰」。	唐太宗遣右衛大將軍柴紹、殿中少監薛萬均等將，率軍擊盤據朔方（今內蒙烏審旗南白城子）之梁師都，又遣夏州都督長使劉旻等人佔領朔方東城，以逼之。梁師都引突厥兵至城下，唐軍偃旗息鼓不戰，梁軍夜退，唐軍追擊破之，梁軍退入朔方城。突厥大發兵救梁師都，柴紹等在朔方南數十	今陝北至鄂爾多斯高原一帶地區。	《舊唐書》，卷五十六，〈列傳第六‧梁師都傳〉，頁2281；《新唐書》，卷八十七，〈列傳第十二‧梁師都傳〉，頁3731；及《通鑑》，卷一百九十二，〈唐紀八〉，

〔註40〕《通典》，卷一百九十七，〈邊防十三‧突厥上〉，頁5411。又，有關本戰時間與頡利遣將之記載，新舊唐書〈突厥傳〉與同書〈阿史那社尒傳〉所曰，均出現甚大有差異。《舊唐書》，卷一百九，〈列傳第五十九‧阿史那社尒傳〉，頁3289載：「武德九年，……諸部皆叛，攻破欲谷設，社尒擊之」；《新唐書》，卷一百一十，〈列傳第三十五‧阿史那社尒傳〉，頁4114載：「貞觀元年，鐵勒……等叛，敗欲谷設於馬鬣山（在陰山北，今名不詳），社尒助擊之，弗勝。」筆者研判，本狀況可能是漠北諸部叛離頡利時，先擊走東突厥的統治者欲谷設與阿史那社尒（當時阿史那社尒與欲谷設分統鐵勒等部），再擊敗頡利派來征討的突利。相關史料記載對細節的記載或有差異，惟說明當時東突厥曾派遣大軍出陰山渡漠攻擊漠北諸部的事實，應是一致。

	里處與突厥遭遇，唐軍擊敗突厥，包圍朔方城，突厥不敢救，城中食盡，梁師都被其從父弟所殺，以城降。唐以其地爲夏州，突厥勢力遂向鄂爾多斯高原以北地區退縮。		太宗貞觀二年四月條，頁 6050。
10.唐太宗貞觀四年（630）正月「唐擊滅東突厥第一期作戰：陰山南麓之戰」（包括定襄與白道兩次會戰）。	貞觀三年十一月，唐太宗以并州都督李世勣爲通漠道行軍總管，兵部尚書李靖爲定襄道行軍總管，華州刺史柴紹爲金河道行軍總管，靈州大都督薛萬徹爲暢武道行軍總管，眾合十餘萬，皆受李靖節度，分道出擊東突厥。十二月，突利率部歸降。四年正月，李靖率驍騎三千，〔註41〕由朔州方向進屯惡陽嶺（今山西平魯西北，約在大業長城與渾河之間），夜襲定襄，破之。頡利不意唐軍猝至，以爲唐朝傾國而來，其眾一日數驚，乃徙牙於磧口（今內蒙二連浩特與百靈廟之間的善丁呼拉爾附近），李靖虜隋蕭后及煬帝之孫楊政道，解送京師。此時，李勣亦與退卻中之突厥戰於白道附近，破之。稍後，李靖與李勣會師於白道。	主戰場在朔州、定襄與白道之間。	見第七章第三節。
11.唐太宗貞觀四年（630）二月至三月「唐擊滅東突厥第二期作戰:陰山北麓之戰」（包括鐵山與磧口兩次會戰）。◎	頡利在白道被李勣擊敗後，二月又自磧口徙牙於鐵山（今內蒙白雲鄂博一帶），李靖與李勣乘夜奔襲，一舉擊滅東突厥。	白道以西之漠南草原，及今河套至靈武之間，黃河以西之線。	見第七章第三節。

〔註41〕王欽若《冊府元龜》，卷四百一十一，〈將帥部・間諜〉，北京：中華書局，1989年 11 月，頁 1041，載李靖「率驍勇善戰二千」，應爲「三千」之誤。

12.唐太宗貞觀十五年（641）十一月「薛延陀攻東突厥李思摩之戰」。	東突厥亡後，漠北空虛，薛延陀乘機興起，成為北方強權。唐太宗為維持北邊戰略平衡，乃於貞觀十三年七月，冊封阿史那思摩（即李思摩）為乙彌泥執俟力苾可汗，令統頡利舊部，北渡河（眾十萬，勝兵四萬），於漠南復國，牙於定襄；惟此舉引起薛延陀夷男可汗不悅。十五年十一月，夷男聞太宗將東封泰山，以為邊境必空，於是遣其子大度設發同羅、僕骨、迴紇、靺鞨、霫等兵合二十萬，度漠南，屯白道川（今内蒙呼和浩特一帶），據善陽嶺（今山西朔縣北），以擊東突厥。李思摩一面以精騎拒戰，〔註42〕燒薙秋草，使薛延陀野無所獲；一面率東突厥部落入長城，保朔州，並遣使向唐朝告急。由於薛延陀踰漠而南，行數千里，持續戰力不繼，無法再越過長城繼續攻擊東突厥，會唐朝援軍至，大度設遂引兵由白道退去。	漠北經白道至朔州以北長城（大業長城）之線。	《舊唐書》，卷一百九十四上，〈列傳第一百四十四上・突厥上〉，附〈李思摩傳〉，頁5163～64；及《新唐書》，卷二百一十五，〈列傳第一百四十上・突厥上〉，附〈李思摩傳〉，頁6040；卷二百一十七下，〈列傳第一百四十二下・回鶻下〉，附〈薛延陀傳〉，頁6135。另，《通鑑》，卷一百九十六，〈唐紀十二〉，太宗貞觀十五年十一月條，頁6170～71，所載略同。
13.唐太宗貞觀十五年（641）十二月「諾眞水之戰」。◎	唐朝兵部尚書李勣追擊薛延陀，擊滅其二十萬大軍於諾眞水（今内蒙百靈廟上之艾不蓋河）。	朔州、白道川、白道至諾眞水之線。	見第七章第四節。
14.唐太宗貞觀十九年（645）十二月「執失思力與田仁會擊退薛延陀之戰」。	九月，薛延陀眞珠可汗夷男卒。十二月，新立之多彌可汗乘唐太宗親征高麗之際，引十萬兵進犯河南（指北河之南，即今河套與鄂爾多斯高原一帶）。唐遣時正率突厥兵屯夏州（治所在今	漠南草原至今河套、鄂爾多斯高原之線地區。	《舊唐書》，卷一百八十五上，〈列傳第一百三十五上・良吏上〉，附〈田仁會傳〉，頁4793（惟所載薛延陀入侵時間為十八年，有誤）；卷一百九十九下，〈列傳第一百四

〔註42〕李思摩「引其種落走朔州」時，曾「留精騎以拒戰」薛延陀。見《通典》，卷一百六十一，〈兵十四〉，頁4148。《太平御覽》，卷二百一十五，〈兵部二十・機略八〉，頁1336，所載同。故就兵力派遣言，東突厥之退保長城之線，應可視為一次對薛延陀有計畫之「戰略持久」作戰行動。

	內蒙烏審旗南）之北（可能在鄂爾多思高原之上），以備薛延陀的右領軍大將軍執失思力，與左武侯中郎將田仁會，合兵擊之。初，執失思力示羸佯退，誘薛延陀軍深入夏州境，再整陣以待，大破之。唐軍追奔六百餘里，至磧北而還（按時空計算，此磧應指毛烏素沙漠而言）。後多彌復發兵寇夏州，時唐朝已在朔、勝（治所在今內蒙準格爾旗東北黃河南岸之十二連城）、靈三州部署重兵，薛延陀至塞下，知唐軍有備，遂不敢進。		十九下・北狄傳〉，頁5345。及《新唐書》，卷二，〈本紀第二・太宗〉，頁44；卷一百一十，〈列傳第三十五・諸夷番將〉，附〈執失思力傳〉，頁4116～17（惟所載夷男此時辛，有誤）；卷一百九十七，〈列傳第一百二十二・循吏傳〉，附〈田仁會傳〉，頁5623。另《通鑑》，卷一百九十八，〈唐紀十四〉，太宗貞觀十九年十二月條，頁6232～33，所載略同。
15.唐太宗貞觀二十年（646）「唐滅薛延陀之戰」。◎	六月，薛延陀多彌可汗多所誅殺，人不自安，回紇酋長吐迷度與僕骨、同羅共擊之，多彌大敗。唐太宗詔江夏王道宗（時鎮朔州），左衛大將軍阿史那社爾（時與右衛大將軍薛萬徹共同鎮勝州）為瀚海安撫大使，又遣執失思力（時屯夏州北）、右驍衛大將軍契苾何力將將涼州（治所在今甘肅武威）及胡兵、薛萬徹與營州（治所在今遼寧朝陽）都督張儉各將所部兵，分道並進，以擊薛延陀。先是，奉詔率烏羅護、靺鞨之校尉宇文法，遇薛延陀阿波設之兵於東境，擊破之。薛延陀以唐兵至，國中驚擾，諸部大亂，多彌引數千騎奔阿史德時健部落（位於雲中一帶），〔註43〕回紇攻而殺之，並據其地。薛延陀餘眾西走，猶七萬餘口，共立夷	陰山各道至漠北地區。	《通鑑》，卷一百九十八，〈唐紀十四〉，太宗貞觀二十年六月條，頁6236～38；七月條，頁6238：八月條，頁6238～39；及二十一年正月條，頁6244～45。

〔註43〕貞觀四年，唐滅東突厥後，李靖從突厥羸破數百帳於雲中，以阿史德為之長。見《通鑑》，卷一百九十八，〈唐紀十四〉，太宗貞觀二十年六月條胡注，頁6237。

	男兒子爲咄摩支伊特勿失可汗，歸其故地。敕勒九姓酋長聞咄摩支來，皆恐懼，唐亦恐其爲漠北之患，乃更遣李勣與九姓敕勒共圖之。李勣至鬱督軍山（今外蒙杭愛山東支），咄摩支降。七月，解送咄摩支至京師，唐太宗拜其爲右武衛大將軍。八月，李道宗渡磧，擊破拒戰之薛延陀眾數萬，李道宗與薛萬徹各遣使招降敕勒各部。於是回紇等十一姓各遣使入貢，薛延陀亡。二十一年，唐朝正式將漠北地區納入中國羈縻統治。		
16.唐太宗貞觀二十三年（649）至唐高宗永徽元年（650）「唐朝征服漠北之戰」。◎	貞觀二十三年正月，唐太宗以突厥車鼻可汗不入朝，〔註44〕遣右驍衛郎將高侃發回紇、僕骨等兵襲擊之。兵入其境，諸部落相繼來降。十月，唐朝以突厥諸部置舍利等五州隸雲中都護府（治所在今內蒙和林格爾西北土城子），蘇農等六州隸定襄都護府（治所在今內蒙二連浩特市東北）。永徽元年六月，高侃擊突厥至阿息山（在外蒙境，今名不詳），車鼻招諸部兵對抗唐軍，但諸部兵皆不赴，車鼻與數百騎遁去，高侃率精騎追至金山，擒之以歸，其眾皆降。	由唐朝在突厥地新設兩都護府之位置，判斷本戰唐軍可能由雲中出白道與（或）稒陽，至陰山以北地區。	《通鑑》，卷一百九十九，〈唐紀十五〉，太宗貞觀二十三年正月條，頁 6265～66；十月條，頁 6269；及高宗永徽元年六月條，頁 6271。

〔註44〕有關車鼻不入朝事，根據《舊唐書》，卷一百九十四上，〈列傳第一百四十四上·突厥上〉，附〈車鼻傳〉，頁 5165，所載：「貞觀中，突厥別部有車鼻者，亦史阿那之族也，代爲小可汗，牙在金山（今阿爾泰山）之北。頡利可汗之敗，北荒諸部將推爲大可汗，遇薛延陀爲可汗，車鼻不敢當，遂率所部歸於延陀。其爲人勇烈，有謀略，頗爲眾附。延陀惡而將誅之，車鼻密知其謀，竄歸於舊所。其地去京師萬里，勝兵三萬，自稱乙注車鼻可汗……自延陀破後，遣其子……來朝，貢方物，又請身自入朝。太宗遣將軍郭廣敬微之，竟不至。太宗大怒……」。《新唐書》，卷二百一十五，〈列傳第一百四十上·突厥上〉，附〈車鼻傳〉，頁 6041，所載略同。

17.唐高宗顯慶五年（660）八月「鄭仁泰擊漠北四部之戰」。	漠北思結、拔野固、僕骨、同羅四部叛，唐遣左武衛大將軍鄭仁泰將兵擊之，三戰皆捷，追奔百餘里，斬其酋長而還。	由當時唐設燕然都護府（647～663，治所在今內蒙烏特拉中後聯合旗境）以統大漠南北諸部之狀況，唐軍可能由高闕與（或）稒陽之間地區，出陰山，渡漠作戰。	《新唐書》，卷二百一十七下，〈卷一百四十二下·回鶻下〉，附〈拔野古傳〉，頁6140。《通鑑》，卷二百，〈唐紀十六〉，高宗顯慶五年八月條，頁6322，所載同。
18.唐高宗調露元年（679）十月「蕭嗣業擊突厥叛亂之戰」。	單于大都護府（治所在今內蒙和林格爾西北土城子）轄內突厥阿史德溫傅、奉職兩部（阿史德部，貞觀四年李靖所徙者）俱反，立阿史那泥熟葡為可汗，二十四州酋長皆叛應之，眾數十萬。唐遣鴻臚卿單于大都護府長史蕭嗣業等人往討，唐軍先戰屢捷，故而疏於警戒。會大雪，突厥夜襲其營，蕭嗣業狼狽拔營走，唐軍大亂，為突厥所敗，死者萬餘人。幸花大智、李景嘉等人引步兵且行且戰，唐軍殘部得入單于大都護府。	今內蒙和林格爾一帶。	《舊唐書》，卷一百九十四上，〈列傳第一百四十四上·突厥上〉，頁5166。及《通鑑》，卷二百，〈唐紀十六〉，高宗調露元年十月條，頁6392。
19.唐高宗永隆元年（680）「黑山之戰」。	突厥於擊敗蕭嗣業後，乘勝南下劫掠。調露元年十一月，唐遣禮部尚書兼檢校右衛大將軍裴行儉為定襄道行軍大總管，將兵三十餘萬，以討突厥（《舊唐書·裴行儉傳》載：「唐世出師之盛，未之有也」）。永隆元年三月，裴行儉由朔州（今山西朔縣）至單于府北出擊，大破突厥於黑山（今內蒙包頭西北呼延谷附近），擒其酋長奉職。阿史那泥熟葡為其部下所殺，以其首來降。奉職被擒後，其餘黨退保狼山（可能在今內蒙杭錦後旗西北，屬雲中都護府），唐軍未予追擊而退兵。七月，突厥餘眾又圍雲州（治所在今山西大同東北），為代州都督竇懷哲等人擊退。	今大同、朔縣及內蒙和林格爾、包頭至河套地區之線。	《舊唐書》，卷八十四，〈列傳第三十四·裴行儉傳〉頁2803～04。《新唐書》，卷一百八，〈列傳第三十三·裴行儉傳〉，頁4087～88。及《通鑑》，卷二百二，〈唐紀十八〉，調露元年十一月條，頁6393；永隆元年三月條，頁6393～94；七月條，頁6396；所載略同。

| 20.唐高宗開耀
元年（681）
「裴行檢平
突厥伏念、
溫傅之
戰」。 | 裴行檢大軍退後，突厥阿史那伏念（頡利從兄之子）復自立爲可汗，與溫傅連兵犯邊。正月，唐朝再以裴行檢爲定襄道大總管，以右武衛將軍曹懷舜、幽州都督李文暕爲副，將兵討之。三月，曹懷舜與裨將竇義昭將前軍擊突厥，因所得情報錯誤，輕軍倍道至黑沙（可能在今內蒙呼和浩特東北一帶），欲擊脫離本對之伏念與溫傅，結果無所見。引兵還時，遇溫傅，小戰，各引去。曹懷舜軍至橫水（可能在今內蒙和林格爾與呼和浩特之間），遇伏念，曹懷舜與李文暕部合爲方陣，且戰且行，經一日，伏念乘風擊之，唐軍大敗，死者不可勝數。曹懷舜收散卒，厚賄伏念，與之約和，殺牛爲盟，各引兵去。閏七月，裴行檢軍於代州陘口（今山西代縣西北陘嶺關口），施反間計，使伏念與溫傅互相猜忌。於是伏念留妻子、輜重於金牙山（即突厥之初建牙之地），以輕騎襲曹懷舜。裴行檢遣裨將何迦密自通漠道，程務挺自石地道，掩取金牙山。伏念又與曹懷舜約和而還，及返金牙山，失其妻子輜重，士卒多疾疫，乃引兵北走細沙（今名不詳）。裴行檢使副總管劉敬同等，率單于府兵追擊。伏念請執溫傅以自效，然尚猶豫。會唐軍至，伏念狼狽，不能整其眾，遂執溫傅，從間道詣裴行檢而降。後兩人被斬於京市。〔註45〕 | 今晉北、大黑河流域、白道至漠北地區。 | 《舊唐書》，卷八十四，〈列傳第三十四‧裴行檢傳〉頁 2804。《新唐書》，卷一百八，〈列傳第三十三‧裴行檢傳〉，頁 4088。及《通鑑》，卷二百二，〈唐紀十八〉，開耀元年正月條，頁 6400；三月條，頁 6401；閏七月條，頁 6403～04。 |

〔註45〕是年十月，裴行檢獻定襄之俘，但高宗卻聽裴炎之言，斬伏念與溫傅等五十四人於都市。初，行檢許伏念以不死，故降，今且誅之，行檢因稱疾不出。見《通鑑》，卷二百二，〈唐紀十八〉，開耀元年十月條，頁 6404～05。

21.唐高宗永淳元年（682）「薛仁貴擊阿史德元珍之戰」。	念伏、溫傅死後，突厥餘黨阿史那骨篤祿（新舊《唐書》作「骨咄祿」）、阿史德元珍等，又招集亡散，入總材山（今名不詳，可能在大黑河一帶），並據黑沙城反唐，入寇并州及單于府北境，殺嵐州（治所在今山西嵐縣北）刺史王德茂。唐右領軍衛將軍兼代州都督薛仁貴，擊元珍於雲州（治所在今山西大同），大破之。斬首萬級，獲生口二萬餘人，駝馬牛羊三萬餘頭。	今晉北與大黑河流域一帶地區。	《舊唐書》，卷八十三，〈列傳第三十三·薛仁貴傳〉，頁2783。另，《通鑑》，卷二百三，〈唐紀十九〉，高宗永淳元年十月條，頁6412，除所載「斬首萬餘級」外，餘略同。《新唐書》，卷一百一十一，〈列傳第三十六·薛仁貴傳〉，頁4142～43，除所載「獲生口三萬」外，餘亦略同。
22.唐高宗弘道元年（683）至武則天光宅元年（684）「突厥阿史那骨篤祿寇唐邊之戰」。	二月，阿史那骨篤祿等圍單于都護府，殺司馬張行師。唐遣勝州都督王本立，與夏州都督李崇義分道救之。五月，突厥寇蔚州（治所在今山西靈丘），殺刺史李思儉，豐州（治所在今內蒙五原南）都督崔智辯將兵邀擊於朝那山（今內蒙五原附近），戰敗，爲突厥所俘。於是朝議欲廢豐州，遷其百姓於靈、夏，爲豐州司馬唐休璟上言諫止。六月，突厥又寇嵐州，爲偏將楊玄基擊退。十一月，武則天詔右武衛將軍陳務挺爲單于道安撫大使以備邊。次年（武則天光宅元年684）七月，骨篤祿等又寇朔州。	今晉北、大黑河流域及河套地區。	《通鑑》，卷二百三，〈唐紀十九〉，高宗弘道元年二月條，頁6413；五月條，頁6415；六月及十一月條，頁6416；及則天后光宅元年七月條，頁6420。另，《舊唐書》，卷一百九十四上，〈卷一百四十四上·突厥上〉，附〈骨咄祿傳〉，頁5167；《新唐書》，卷二百一十五上，〈列傳第一百四十上·突厥上〉，附〈骨咄祿傳〉，頁6044；所載略同
23.武則天垂拱元年（685）「淳于處平遭遇突厥之戰」。〔註46〕	因突厥連年劫掠朔、代等州，殺吏士。二月，唐以左玉鈐中郎將淳于處平爲陽曲道行軍總管，將擊突厥於總材山。三月，唐軍行至忻州，與突厥遭遇，大敗，死者五	今晉北一帶。	《舊唐書》，卷一百九十四上，〈卷一百四十四上·突厥上〉，附〈骨咄祿傳〉，頁5167；《新唐書》，卷二百一十五上，〈列傳第一百四十上·

〔註46〕本戰之時間，《舊唐書》則天皇后本紀未載；而同書卷一百九十四上，〈卷一百四十四上·突厥上〉，附〈骨咄祿傳〉，頁5167，則載爲垂拱二年。惟《新唐書》，卷四，〈本紀第四·則天皇后〉，頁84，及《通鑑》均載爲垂拱元年；經筆者分析，後者應較可信。

	千餘人。		突厥上〉，附〈骨咄祿傳〉，頁6044。《通鑑》，卷二百三，〈唐紀十九〉，則天后垂拱元年二月條，頁6433；三月條，頁6434；所載略同。
24.武則天垂拱三年（686）「唐擊突厥骨咄祿與元珍之戰」。	七月，突厥骨咄祿與元珍寇朔州，唐遣燕然道大總管黑齒常之擊之，大破突厥於黃花堆（約在今山西山陰〔朔縣北〕附近），追奔四十餘里，突厥退向磧北。中郎將爨寶璧見黑齒常之有功，表請窮追，詔與常之計議。十月，寶璧欲專其功，不待常之，引精兵萬三千人先行，出塞二千餘里，掩擊突厥部落。既至，又先遣人告之，使彼嚴陣以待，與戰，全軍皆沒，寶璧輕騎歸。太后乃誅寶璧，改骨咄祿爲不卒祿，常之坐無功。〔註47〕	今晉北、大黑河流域、白道至陰山以北地區。	《通鑑》，卷二百三，〈唐紀十九〉，則天后垂拱三年七月條，頁6445；十月條，頁6446。另，《舊唐書》，卷一百九〈列傳第五十九‧黑齒常之傳〉，頁3295；卷一百九十四上，〈卷一百四十四上‧突厥上〉，附〈骨咄祿傳〉，頁5167；及《新唐書》，卷一百一十，〈列傳第三十五‧黑齒常之傳〉，頁4122；卷二百一十五上，〈列傳第一百四十上‧突厥上〉，附〈骨咄祿傳〉，頁6044；所載同。
25.武則天永昌元年（689）「薛懷義第一次討突厥之戰」。	五月，突厥犯邊，武則天以白馬寺僧人薛懷義爲新平軍大總管，北討突厥。大軍行至紫河（今內蒙和林格爾南之渾河），不見敵蹤，乃於單于台刻石紀功而還。〔註48〕九月，又遣薛懷義將兵二十萬討骨咄祿，惟無戰果記載。	今晉北至大黑河平原一帶。	《通鑑》，卷二百四，〈唐紀二十〉，則天后永昌元年五月條，頁6458；九月條，頁6460。

〔註47〕 本戰之後，元珍攻突騎施，戰死。天授初，骨咄祿死，其子幼，不得立（默啜自立爲可汗）。見《新唐書》，卷二百一十五上，〈列傳第一百四十上‧突厥上〉，附〈骨咄祿傳〉，頁6044～45。

〔註48〕 本戰，《舊唐書》，卷一百八十三，〈列傳第一百三十三‧外戚〉，附〈薛懷義傳〉，頁4742。載曰：「永昌中（689），突厥默啜犯邊，以懷義爲清平道大總管，率軍擊之，至單于台，刻石紀功而還」。惟筆者按，骨咄祿病辛於天授年間，其弟默啜篡其位爲可汗，至長壽二年（693）以後，始首度帥眾犯靈州（《舊唐書‧突厥傳》，頁5168；《新唐書‧突厥傳》，頁6044～45；及《通鑑》，卷二百五，〈唐紀二十一〉，則天后延載元年條，頁6493）。故《舊唐書‧薛懷義傳》所載：「永昌中突厥默啜犯邊」一事，顯有誤；今從《通鑑》。

26.武則天延載元年（694）「薛懷義第二次討突厥之戰」。	突厥默啜犯邊，唐以薛懷義爲代北道行軍總管（後改朔方道行軍總管），率十八將討之。未行，突厥已退，乃止。	今晉北至大黑河平原一帶。	《通鑑》，卷二百三，〈唐紀十九〉，則天后垂拱三年七月條，頁6445；十月條，頁6446。另，《舊唐書》，卷一百九十四上，〈卷一百四十四上·突厥上〉，附〈默啜傳〉，頁5168；及《新唐書》，卷二百一十五上，〈列傳第一百四十上·突厥上〉，附〈默啜傳〉，頁6045；所載略同。
27.武則天萬歲通天元年（696）「突厥默啜可汗代唐擊契丹之戰」。	五月，營州契丹松漠（治所在今内蒙巴林右旗南）李盡忠與歸誠州刺史孫萬榮等舉兵反唐。九月。突厥默啜可汗以還「河西降户」爲條件。出兵助唐擊契丹。〔註49〕十月，李盡忠卒，孫萬榮代領其眾，默啜乘間襲松漠，虜盡忠、萬榮妻子而去，突厥自此兵眾漸盛。武則天封默啜爲特進、頡跌利施大單于、立功報國可汗。	白道（突厥南庭在白道南之黑沙）出陰山，至今遼寧之線。	《舊唐書》，卷一百九十四上，〈卷一百四十四上·突厥上〉，附〈默啜傳〉，頁5168～69。《新唐書》，卷二百一十五上，〈列傳第一百四十上·突厥上〉，附〈默啜傳〉，頁6045。及《通鑑》，卷二百五，〈唐紀二十一〉，則天后萬歲通天元年五月條，頁6505；九月條，頁6509～10；十月條，頁6510
28.武則天神功元年（697）正月「平狄軍擊退默啜之戰」。	突厥默啜寇勝州，平狄軍（軍位於代州北，原爲大武軍，調露元年改曰神武軍，天授二年改曰平狄軍）副使安道滿擊退之。	今河套一帶。	《通鑑》，卷二六五，〈唐紀二十二〉，則天后神功元年正月條，頁6514。

〔註49〕有關「河西降户」一事，《舊唐書》，卷一百九十四上，〈卷一百四十四上·突厥上〉，附〈默啜傳〉，頁5168～69，載曰：「聖曆元年（698），默啜表請則天爲子，并言有女，請和親。初，（高宗）咸亨中，突厥諸部來降，附者多處之豐、勝、靈、夏、朔、代等六州，謂之降户。默啜自是又索此降户及單于都護府之地，兼請農具器、種子。則天初不許，默啜大怨怒，言辭甚慢，拘我使人司賓卿田歸道，將害之。時朝廷懼其兵勢，納言……建議請許其和親，遂盡驅六州降户數千帳，并種子四萬餘碩、農器三千事以與之。默啜浸強由此也。」《新唐書》，卷二百一十五上，〈列傳第一百四十上·突厥上〉，附〈默啜傳〉，頁6045；及《通鑑》，卷二百六，〈唐紀二十二〉，則天后神功元年三月條，頁6515～16，所載略同。由此亦可知，「默啜表請則天爲子，并言有女，請和親」，應爲聖曆元年事，似發生在默啜向唐索河西降户之後。而《通鑑》，卷二百五，〈唐紀二十一〉，則天后萬歲通天元年九月條，頁6509，則將默啜要求和親與索河西降户作爲攻擊契丹條件，歸於同一時間，與兩書所載略有異。今從《舊唐書·默啜傳》。

| 29.武則天聖曆元年（698）「默啜反武則天之戰」。◎ | 六月，武則天令魏王武承嗣之子淮陽王武延秀入突厥，納默啜女爲妃。遣右豹韜衛大將軍閻知微，右武威郎將楊齊莊，大齎金帛以送之。八月，行至黑沙（今內蒙呼市北）突厥南庭，默啜謂知微等曰：「我女欲嫁李家天子兒，你今將武家兒來此，是天子兒否？我突厥積代以來，降附李家，今聞李家天子種末總盡，唯有兩兒在，我今將兵助立。」遂收延秀等人，拘之別所，以知微爲南面可汗，與之率眾十餘萬（《新唐書》載十萬騎），南擊靜難（位今河北薊縣）、平狄、清夷（位今河北懷來）等軍。靜難軍使慕容玄崴，以兵五千降之。〔註50〕 | 今呼和浩特以東以南，至晉北冀北一帶地區。 | 《舊唐書》，卷一百九十四上，〈卷一百四十四上‧突厥上〉，附〈默啜傳〉，頁 5169。另《新唐書》，卷二百一十五上，〈列傳第一百四十上‧突厥上〉，附〈默啜傳〉，頁 6045～46；及《通鑑》，卷二百六，〈唐紀二十二〉，則天后聖曆元年六月條，頁 6530；八月條，頁 6530～31。 |
| 30.武則天長安二年（702）「薛季昶與張仁愿防禦突厥之戰」。 | 正月，突厥寇鹽（治所在今陝西定邊）、夏（治所在今內蒙烏審旗南）二州。三月，突厥破石嶺關（今山西陽曲東北），寇并州（治所在今太原市西南）。唐以雍 | 今內蒙南部、陝北、晉北及河北西北部一帶地區。 | 《通鑑》，卷二百七，〈唐紀二十三〉，則天后聖曆二年正月及三月條，頁 6558；七月及九月條，頁 6559。《新唐書》，卷二百一十五上，〈列傳第 |

〔註50〕 本戰後續狀況：據《舊唐書》，卷一百九十四上，〈卷一百四十四上‧突厥上〉，附〈默啜傳〉，頁 5169 所載：「……俄進寇媯（治所在今河北懷來東）、檀（治所在今北京密雲）等州，武則天令司屬卿武重規爲天兵中道大總管，右武威衛將軍沙吒忠義爲天兵西道行軍總管，幽州（治所在今北京）都督張仁亶爲天兵東道總管，率兵三十萬，以擊突厥。右羽林衛大將軍閻敬容爲天兵西道後軍總管，統兵十五萬以爲後援。默啜又出自恆岳道，寇蔚州（治所在今河北蔚縣），陷飛狐縣（今河北淶源）。俄進攻定州（治所在今河北定州市），殺刺史孫彥高，焚燒百姓廬舍，虜掠男女，無少長皆殺之……尋又圍逼趙州（治所在今河北趙縣），長史唐波若翻城應之……則天乃立廬陵王爲皇太子，令充河北道行軍大元帥，軍未發而默啜盡掠趙、定等州男女八九萬人，從五回道（經五回山，在今河北易縣西北）而去，所過殘殺，不可勝紀。沙吒忠義及後軍總管李多祚等，皆持重兵，與賊相望，不敢戰。河北道元帥納言狄仁傑，總兵十萬追之，無所及。」《新唐書》，卷二百一十五上，〈列傳第一百四十上‧突厥上〉，附〈默啜傳〉，頁 6046；及《通鑑》，卷二百六，〈唐紀二十二〉，則天后聖曆元年八月條，頁 6532～35；所載略同。惟因本階段作戰之主要戰場，均在今冀西與冀北地區，超出本文研究範圍，故未列入陰山戰爭表中。

	州長史薛季昶充山東防禦軍大使，節度山東諸州。四月，以幽州刺史張仁愿專知幽、平、媯、檀防禦，與季昶共拒突厥。七月，突厥寇代州，九月又寇忻州。		一百四十上‧突厥上〉，附〈默啜傳〉，頁6047，所載略同。
31.唐中宗神龍二年（706）十二月「默啜寇鳴沙等地之戰」。	突厥默啜寇鳴沙（今寧夏青銅峽南），靈武軍大總管沙吒忠義與戰，軍敗，死者六千餘人。突厥又寇原（治所在今寧夏固原）、會（治所在今甘肅靖遠）等州，掠隴右牧馬萬餘匹而去。	陰山以南（突厥基地）至隴右之線。	《通鑑》，卷二百八，〈唐紀二十四〉，中宗神龍二年十二月條，頁6607～08。
32.唐中宗景龍元年（707）至二年（708）張仁愿擊突厥築三受降城之戰」。	景龍元年五月，唐以左屯衛大將軍張仁愿爲朔方道大總管替代沙吒忠義，以備突厥。十月，仁愿受命出擊突厥，然及唐軍至，突厥已退。仁愿乃躡其後，夜掩大破之。時突厥默啜盡眾西擊突騎施娑葛，仁愿乘虛奪取於河（黃河）北築三受降城，首尾相應，以絕突厥南寇之路。〔註51〕	陰山以南至黃河，以北至漠南草原一帶地區。	《舊唐書》，卷九十三，〈卷四十三‧張仁愿傳〉，頁2982。《新唐書》，卷一百十一，〈卷三十六‧張仁愿傳〉，頁4152；及《通鑑》，卷二百八，〈唐紀二十四〉，中宗景龍元年五月條，頁6610；十月條，頁6617。及卷二百九，〈唐紀二十五〉，中宗景龍二年三月條，頁6620～21；所載略同。
33.唐玄宗開元四年（716）「唐擊北歸突厥之戰」。	六月，默啜北擊拔曳固，大破之於獨樂水（今外蒙土拉河）。惟默啜恃勝輕歸，不復設備，爲拔曳固逃卒頡質略，自柳林猝擊斬殺。左賢王默棘連繼立，是爲突厥毗伽可汗（國人謂之「小殺」）。七月，突厥降戶處河曲者，	主戰場在稒陽道南。	《舊唐書》，卷九十三，〈列傳第四十三‧王晙傳〉頁2988；卷一百九十四上，〈卷一百四十四上‧突厥上〉，頁5173～74。另《新唐書》，卷一百十一，〈列傳第三十六‧王晙傳〉，頁4155；

〔註51〕 有關「三受降城」之建，《舊唐書》，卷九十三，〈卷四十三‧張仁愿傳〉，頁2982，載曰：「先，朔方軍北與突厥以河爲界，河北岸有拂雲神祠，突厥將入寇，必先詣祭酹求福，因牧馬料兵而後渡河……仁愿請乘虛奪取漠南之地，於河北築三受降城，……六旬而三城俱就，以拂雲祠爲中城（今內蒙包頭市南），與東西兩城相去各四百餘里（東城在今內蒙托克托縣南，西城在今內蒙五原西北），皆據津濟，遙相應接。北拓地三百餘里，於牛頭朝那山（今內蒙烏加河北）北，置烽候一千八百所，自是突厥不得度山放牧，朔方無復寇掠，減鎮兵數萬人。」《新唐書》，卷一百十一，〈卷三十六‧張仁愿傳〉，頁4152；及《通鑑》，卷二百九，〈唐紀二十五〉，中宗景龍二年三月條，頁6620～21；所載略同。

	聞毗伽立，多復叛歸之。降戶並於青剛嶺（今甘肅環縣境），生擒單于府副都督張知運，擬送與突厥。十月，唐以朔方大總管薛訥發兵討之，并州都督長史王晙亦引并州兵西濟河追之，大破突厥於黑山呼延谷（內蒙包頭北），斬首三千餘級。		卷二百一十五上，〈列傳第一百四十上・突厥上〉，頁 6051；及《通鑑》，卷二百一十一，〈唐紀二十七〉，玄宗開元四年六月條，頁 6719；七月條，頁 6720 十月條頁 6721～22；所載略同。
34.唐玄宗天寶元年（742）「王忠嗣擊突厥烏蘇可汗之戰」。	開元二十九年七月，唐以突厥內亂，詔招突厥拔悉密（《新唐書》作拔悉蜜）、回紇、葛邏祿三部。天寶元年八月，三部共攻骨咄葉護，〔註52〕殺之。推拔悉密酋長爲頡跌伊施可汗，突厥餘眾共立判闕特勒子爲烏蘇米施可汗。玄宗詔令內附，烏蘇不從，朔方節度使王忠嗣盛兵磧口，烏蘇懼，請降。忠嗣知其詐降，乃遣使說拔悉密、回紇、葛邏祿三部攻之，烏蘇遁去，忠嗣因出兵擊之，取其右廂（即右殺之所部）以歸。	可能在狼山以西（朔方節度使今寧夏靈武，直河套之西）至漠北。〔註53〕	《舊唐書》，卷一百三，〈列傳第五十三・王忠嗣傳〉，頁 3198。《通鑑》，卷二百一十五，〈唐紀三十一〉，玄宗天寶元年八月條，頁 6854～55。
35.唐玄宗天寶三年（744）至四年(745)「突厥內亂之戰」。	三年八月，拔悉密攻斬突厥烏蘇可汗，傳首京師，其弟鶻隴匐白眉特勒立，是爲白眉可汗。於是突厥大亂，國人推拔悉密酋爲可汗，唐敕	同上（可能）。	《舊唐書》，卷一百三，〈列傳第五十三・王忠嗣傳〉，頁 3198；卷一百九十五，〈列傳第一百四十五・回紇傳〉，頁 5198；

〔註52〕 開元二十年（732），小殺爲其大臣梅錄啜毒死，突厥以其子爲伊然可汗，並受唐冊封。伊然可汗立八年而卒，凡遣使三入朝。開元二十八年（740），唐又冊封其弟爲登利可汗。時登利有從叔二人，分掌兵馬，在東者號爲「左殺」，在西者號爲「右殺」，士之精勁皆屬。登利患之，乃與其母謀誘斬右殺，自將其眾。而左殺判闕特勒懼禍及己，勒兵攻登利，殺之，立毗伽可汗之子爲可汗，俄爲骨咄葉護所殺，更立其弟，旋又殺之，骨咄葉護自立爲可汗。見《舊唐書》，卷一百九十四上，〈卷一百四十四上・突厥上〉，頁 5177。《新唐書》，卷二百一十五上，〈列傳第一百四十上・突厥上〉，頁 6054；及《通鑑》，卷二百一十四，〈唐紀三十〉，玄宗開元二十九（741）年七月條，頁 6844。惟《舊唐書》載：「左殺自立，號烏蘇米施可汗」，與《新唐書》及《通鑑》（玄宗天寶元年條，頁 6855）所載：「國人奉判闕特勒子爲烏蘇米施可汗」有異，今從後者。

〔註53〕 朔方節度使屯靈、夏、豐三州之境，治靈州。見《通鑑》，卷二百一十五，〈唐紀三十一〉，玄宗天寶元年正月條，頁 6848。

	朔方節度使王忠嗣出兵乘之。至薩河內山（今名不降），破其左廂阿波達干等十一部，右廂則未攻下。會回紇葛邏祿共攻拔悉密可汗，殺之。回紇骨力裴羅自立，爲骨咄祿毗伽闕可汗，唐封其爲懷仁可汗，南據突厥故地，立牙烏德犍山、昆河之間（今外蒙杭愛山附近）。四年正月，懷仁擊殺突厥白眉可汗，傳首京師，後突厥遂亡。		及《新唐書》，卷二百一十五下，〈列傳第一百四十下・突厥下〉，頁6055；卷二百一十七上，〈列傳第一百四十二上・回鶻傳上〉，頁6114。另，《通鑑》，卷二百一十五，〈唐紀三十一〉，玄宗天寶三年八月條，頁6860；四年正月條，頁6863；所載略同。
36.唐玄宗天寶十一年（752）九月「突厥阿布思圍永清柵之戰」。	突厥餘部阿布思〔註54〕圍永清柵（亦曰永濟柵，中受降城西二百里，在今內蒙烏特拉前旗東北），柵使張元軌拒卻之。	漠北、高闕（可能）至今河套東部一帶。	《通鑑》，卷二百一十六，〈唐紀三十二〉，玄宗天寶十一年九月條，頁6913。
37.唐玄宗天寶十四年（755）十二月「郭子儀平北邊安祿山部之戰」。	十四年十一月，范陽、平盧、河東三鎮節度使安祿山於范陽（今北京西南）起兵反唐。玄宗詔召朔方節度使兼靈武太守郭子儀以本軍東討，子儀舉兵出單于府（今內蒙和林格爾西北土城子），收靜邊軍（在單于府東北）。安祿山遣大同軍使高秀巖寇河曲，子儀擊退之，並進收雲中、馬邑，開東陘關（在今山西朔縣境）。〔註55〕	靈武、河套、大黑河流域至晉北之線地區。	《舊唐書》，卷一百二十，〈列傳第七十・郭子儀傳〉，頁3449；及《舊唐書》，卷一百三十七，〈列傳第六十二・郭子儀傳〉，頁4599。

〔註54〕 天寶元年（742）八月，西突厥葉護阿布思來降（見《通鑑》，卷二百一十五，〈唐紀三十一〉，玄宗天寶元年八月條，頁6855。）玄宗厚禮之，賜姓名李獻忠，累遷朔方節度副使，奉信王。獻忠有才略，不爲安祿山（時領河東）下，祿山恨之。至是，奏請憲忠率同羅數萬騎，與俱擊契丹。獻忠恐爲祿山所害，告知留後張暐，奏請不行，爲張暐所拒。獻忠乃率部大掠倉庫，叛歸漠北，祿山遂頓兵不進。見《通鑑》，卷二百一十六，〈唐紀三十二〉，玄宗天寶十一年三月條，頁6910。

〔註55〕 《通鑑》，卷二百一十七，〈唐紀三十三〉，玄宗天寶十四年十二月條，頁6944載：「安祿山大同軍使高秀巖寇振武軍（在單于都護府城內），朔方節度使郭子儀擊敗之，郭子儀乘勝拔靜邊軍。大同兵馬使薛忠義寇靜邊軍，郭子儀使左兵馬使李光弼……等逆擊，大破之，坑其騎七千。進圍雲中，使別將……將二千騎擊馬邑……」與新舊《唐書・郭子儀傳》所載略異，今從後者。

38.唐代宗大曆十年（775）十二月「回紇攻夏州之戰」。	回紇千騎寇夏州（治所在今內蒙烏審旗南），州將梁榮宗破之於烏水（今烏審旗南無定河支流納林河）。郭子儀遣兵三千救夏州，回紇退去。	今鄂爾多斯高原南、內蒙烏審旗一帶地區。	《通鑑》，卷二百二十五，〈唐紀四十一〉，代宗大曆十年十二月條，頁7236。
39.唐代宗大曆十三年（778）「回紇入河東之戰」。	正月，回紇寇太原，河東留後鮑防遣大將焦伯瑜等逆戰。兩軍遭遇於曲陽（今山西太原北），唐軍大敗而還，死者萬餘人，回紇縱兵大掠。二月，代州都督張光晟擊破回紇於羊武谷（今山西代縣西南），回紇退去。	今大黑河平原至晉北一帶地區。	《通鑑》，卷二百二十五，〈唐紀四十一〉，代宗大曆十三年正至二月條，頁7250～51。另《舊唐書》，卷一百九十五，〈列傳第一百四十五·迴紇傳〉，頁5207；「回」作「迴」，死者作「千餘人」外，餘略同。《新唐書》，卷二百一十七上，〈卷一百四十二上·回鶻上〉，頁6121；「羊武谷」作「羊虎谷」外，餘亦略同。
40.唐憲宗元和八年（813）至九年「唐平單于府叛亂之戰」。	八年十月，回鶻數千騎（一說三千騎）至鸊鵜泉（今內蒙杭錦旗西北，北十里即入磧），邊軍戒嚴。〔註56〕振武節度使（駐單于都護府內，今內蒙和林格爾土城子）李敬賢，不騎趣東受降城（今內蒙托克托），以備回鶻。所給資裝多虛估，至鳴沙（今名不詳，非中宗神龍二年默啜所寇處），遵憲屋處，而士卒露宿。眾遂發怒，夜燒其屋，捲甲還，攻節度使府，屠李敬賢家，敬賢走奔靜邊軍。憲宗怒，以夏綏節度使張煦為振武節度使，將夏州兵二千，赴鎮，並命河東節度使王鍔以兵二千納之。九年正月，王鍔遣兵五千，會張煦於善羊柵（在今山西朔縣，西北距單于府約60公里），並攻入單于都護府，殺作亂者蘇國珍等二百五十三人。	今河套西及晉北、內蒙和林格爾附近地區。	《通鑑》，卷二百三十九，〈唐紀五十五〉，憲宗元和八年十月條，頁7702。及二年正月條，頁7703。

〔註56〕元和四年（809），回紇遣使改為「回鶻」，義取迴旋輕捷如鶻也。見《舊唐書》，卷一百九十五，〈列傳第一百四十五·迴紇傳〉，頁5210。又《新唐書》，卷二百一十七上，〈卷一百四十二上·回鶻上〉，頁6126載：「可汗以三千騎至鸊鵜泉。」與《舊唐書》（頁5210）及《通鑑》所載之「數千騎」略異。

41.唐文宗開成二年（837）七月「劉沔平突厥部落劫掠營田之戰」。	振武突厥百五十帳叛（其地區約在今內蒙和林格爾附近）剽掠營田爲節度使劉沔平定。	今內蒙和林格爾一帶地區。	《通鑑》，卷二百四十五，〈唐紀六十一〉，文宗開成二年七月條，頁7930。
42.唐文宗開成四年（839）十一月「沙陀朱邪赤心助掘羅勿攻殺回鶻薩特勒可汗之戰」。	回鶻相安允合與特勒柴革欲篡薩特勒可汗（《通鑑》作彰信可汗），可汗覺，殺兩人。又有回鶻相掘羅勿者，擁兵在外，怨誅柴革、安允合，以馬三百賄沙陀朱邪赤心，借其兵，共攻可汗，可汗兵敗，自殺。國人以盧駁特勒（《舊唐書》作盧級特勒）爲可汗。會歲疫，大雪，羊馬多死，回鶻遂衰。	高闕、固陽、白道南北地區。〔註57〕	《舊唐書》，卷一百九十五，〈列傳第一百四十五‧迴紇傳〉，頁5213。《新唐書》，卷二百一十七上，〈卷一百四十二上‧回鶻上〉，頁6130；及《通鑑》，卷二百四十六，〈唐紀六十二〉，文宗開成四年十一月條，頁7942。
43.唐武宗會昌元年（841）至二年「回鶻內亂及烏介可汗殺那頡啜之戰」。	開成五年十月，回鶻嗢沒斯等部抵天德軍寨下，文宗詔振武節度使（治單于府今內蒙和林格爾西北）劉沔屯雲迦關（在單于府轄內，今地不詳），以備回鶻。〔註58〕	今內蒙河套以東，至晉北、冀北之線地區。	《通鑑》，卷二百四十六，〈唐紀六十二〉，武宗會昌元年正月條，頁7948；二月條，頁7949；九月條，頁7955；二年正月條，頁7958；三月

〔註57〕按《通鑑》，卷二百四十六，〈唐紀六十二〉，文宗開成四年十一月條，頁7942，注引《考異》：「《後唐獻祖年錄》曰：『開成四年，回鶻大饑，族帳離散，復爲黠戛斯所逼，漸過磧口，至於榆林（治所在今內蒙準格爾旗，其北過黃河，即爲東受降城及振武軍）。天德軍（駐今內蒙河套東，烏梁素海東南）使溫德檝彝請帝（朱邪赤心）爲援（防回鶻），遂帥騎赴之。時胡特勒可汗（即彰信可汗）牙帳在近（指在天德軍附近，判斷其位置可能在東受降城西，至天德軍之間）……俄而回鶻宰相勿篤公（即掘羅勿）叛可汗，將圖歸義，遣人獻良馬三百，以求應接。帝自天德引軍至磧口援之，爲回鶻所薄，帝一戰敗之，進擊可汗牙帳，胡特勒可汗勢窮自殺……』」沙陀朱邪赤心是受唐朝之請，到達天德軍。又應回鶻相勿篤公（可能在漠南草原，靠近磧口之處）之求，引軍自天德出陰山（可能使用高闕或稒陽道），至大漠磧口，與勿篤公會合，擊敗回鶻可汗部。爾後再回軍復入陰山（可能使用白道或稒陽道），攻擊回鶻可汗牙帳。判斷回鶻可汗退路被截，戰敗無路可退，只得自殺。

〔註58〕開成四年，掘羅勿殺彰信。五年九月，回鶻別將句錄莫賀引其北之黠戛斯十萬騎攻回鶻，殺盧駁可汗及掘羅勿，焚其牙帳（今外蒙哈爾和林西）蕩盡。回鶻諸部逃散，分別奔葛邏祿、吐蕃及安西。可汗兄弟嗢沒斯等及其相赤心、僕固、特勤那頡啜，各帥其眾抵天德寨下，貿易並求內附。十月，天德軍使溫德彝奏：「回鶻潰兵侵逼西城（西受降城），亙六十里，不見其後，邊人以回鶻猥至，恐懼不安。」乃詔劉沔屯雲迦關。見《通鑑》，卷二百四十六，〈唐紀六十二〉，文宗開成五年九月及十月條，頁7947。

	會昌元年正月，回鶻退，詔劉沔還鎮。二月，回鶻十三部近牙帳者，立烏希特勒爲烏介可汗，南保錯子山（可能在鷲鷞湖附近入磧方向的大漠中，今地不詳）。九月，唐以穀二萬斛賑回鶻。初（開成五年九月），黠戛斯破回鶻時，得太和公主，自謂李陵之後，與唐同姓，黠戛斯遂使達干十人，奉公主歸之於唐。烏介可汗引兵邀擊，盡殺達干，質公主同行，南度磧，屯天德軍境上。〔註59〕奏請振武城以與公主居（《舊唐書》作天德城）。十二月，唐遣右金吾大將軍王會慰問回鶻，賑米二萬斛，又賜烏介敕書，但婉拒其借城要求。會昌二年二月，回鶻復奏請糧，借振武城，及要求尋回被吐谷渾、党項所虜人口。唐以城不可借，餘當應接處置應之。三月，嗢沒斯誘殺赤心與僕固，那頡啜收赤心眾七千帳東走。四月，嗢沒斯率其國特勒、宰相等二千二百餘人降唐。五月，那頡啜帥其眾自振武、大同進窺幽州，爲盧龍節度使張仲武遣其弟仲至，將兵三萬擊破之，悉收其降部七千帳，分配諸道。那頡啜走，烏介可汗獲而殺之。時烏介眾雖衰減，尚號十萬，牙大同軍北閭門山（在今山西朔縣北）。		條，頁 7959；五月條，頁 7961～62。另《舊唐書》，卷一百九十五，〈列傳第一百四十五·迴紇傳〉，頁 5213～14；及《新唐書》，卷二百一十七上，〈卷一百四十二上·回鶻上〉，頁 6131；所載略同，惟較簡略。
44.唐武宗會昌二年（842）至三年「唐破回鶻烏介	二年八月，回鶻烏介可汗突入大同川，驅掠河東雜虜牛馬數萬，轉鬥至雲州城門（以上地區均在今山西朔縣與大	今內蒙和林格爾以東，至冀北之線地區。	《通鑑》，卷二百四十六，〈唐紀六十二〉，武宗會昌二年八月條，頁 7963；九月條，頁 7966；

〔註59〕天德軍境，北至磧口三百里。見《通鑑》，卷二百四十六，〈唐紀六十二〉，武宗會昌元年十一月條注，頁 7957。

可汗之戰」。	同之間），刺史張獻節閉城自守，吐谷渾、党項皆舉家入山避之。唐乃詔發陳、許、徐、汝、襄陽等兵，屯太原、振武及天德，俟來春驅逐回鶻。九月，唐以劉沔兼招撫回鶻使（位於太原），張仲武為東面招撫回鶻使（位於冀北），李思忠（即嗢沒斯）為河西党項都將、回鶻西南面招討使（位於振武），〔註60〕命皆會軍於太原，並詔劉沔屯鴈門關。三年正月，回鶻烏介可汗率眾侵逼振武，劉沔（已於二年十一月移軍雲州）遣麟州刺史石雄、都知兵馬使王逢，帥沙陀朱邪赤心三部及契苾、拓跋（党項）三千騎，襲其牙帳，劉沔自以大軍繼之。石雄至振武，夜襲可汗牙帳，烏介大驚，棄輜重走，石雄追擊，大破回鶻於殺胡山（即黑山，今內蒙巴林右旗之北罕山）。〔註61〕斬首萬級，降其部落二萬餘人。烏介受傷，與數百騎遁去，依黑車子族（屬室章），其潰兵多詣幽州降。石雄迎太和公主歸。	十二月條，頁 7969；及卷二百四十七，〈唐紀六十三〉，武宗會昌三年正月條，頁 7971～73。

　　本時期陰山地區之戰爭，概有：突厥聯合北中國割據勢力對唐朝 5 次（戰例 1、2、4、5、9），唐朝對突厥 23 次（戰例 3、6、10、11、16、18～33、36、41），突厥內戰 2 次（戰例 7、8），唐朝參與突厥內戰 2 次（戰例 34、35），

〔註60〕據《通鑑》，卷二百四十六，〈唐紀六十二〉，武宗會昌二年九月條，頁 7967，載：「李思忠請與契苾、沙陀、吐谷渾六千騎，合勢擊回鶻。乙巳，以銀川刺史何清朝、蔚州刺史契苾通，分將河東蕃兵詣振武，受李思忠指揮。」說明當時李思忠位置應在振武。

〔註61〕陰山地區黑山有二：一在包頭西北，一在巴林右旗。（見魏嵩山《中國歷史地名大辭典》，頁 1115。）據《舊唐書》，卷一百九十五，〈列傳第一百四十五·迴紇傳〉，頁 5215，載：「……是夜，河東劉沔率兵掩至烏戒營，烏介驚走東北約四百里外……」。依此判斷，唐軍追擊回鶻之黑山，應為居東之今巴林右旗北罕山。

唐朝與諸胡對薛延陀 4 次（戰例 12～15），唐對漠北諸部 1 次（戰例 17），唐朝內戰 2 次（戰例 37、40），唐朝對回紇 3 次（戰例 38、39、44），回紇內戰 2 次（戰例 42、43）。其中，通過陰山道（包括可能）而進行者，約有 18 次，佔總次數的 40.9%；分別為戰例 7、11～17、20、24、27、32、34～36、42～44。其狀況為：

一、經過白道者

總共 13 次。其中，由北向南作戰 2 次，分別為戰例 12、43；由南向北作戰 11 次，分別為戰例 7、11、13、15、16、20、24、27、32、42、44。

二、經過稒陽道者

總共 9 次。其中，由北向南作戰次，戰例 43；由南向北作戰 8 次，分別為戰例 9、11、13～16、32、42。

三、經過高闕道者

總共 10 次。其中，由北向南作戰 2 次，分別為戰例 36、43；由南向北作戰 8 次，分別為戰例 11、13～15、17、32、34、35。

四、經過雞鹿塞道者

總共 8 次。其中，由北向南作戰 1 次，戰例 36；由南向北作戰 7 次，分別為戰例 11、14、15、17、34、35、42。

另就陰山各道作戰線上發生戰爭次數而言，約為：白道 33 次，稒陽道 17 次，高闕 17 次，雞鹿塞 16 次。白道作戰線上發生之戰爭，佔四條作戰線總次數之 39.76%，雖仍是陰山地區戰爭之重點，但其他三道作戰線發生戰爭之機率亦顯著提高，指數都在跨陰山作戰總次數的 20%以上，顯示唐朝時期陰山戰爭發生地區分布較為平均，與西漢時期相類似。這可能與唐太宗貞觀二十年（646）平定漠北後，經由高闕通「參天可汗道」（見第一章第二節及第七章第四節說明），而河套地區之南北互動遂較前頻繁有關。

以上數據所顯示之意義有三：其一，跨陰山之戰爭仍以經過白道之 13 次最多，但稒陽、高闕與雞鹿塞三道亦分別有 9、10 與 8 次，顯示魏晉以來白道在軍事上的獨佔性，已呈下降趨勢；而高闕道第一次取代稒陽道，成為陰山之上戰爭發生次數次多之軍道。其二，通過稒陽以西三道而進行之戰爭，頻繁出現於唐朝擊滅薛延陀（戰例 13）之後，此恐又與「參天可汗道」之建立有關；再對照上述四條作戰線之戰爭次數，顯示此時期陰山地區的戰略重心，已出現由白道西移狀況。其三，本時期跨陰山由南向北作戰與由北

向南作戰之比例爲 6：34，顯示南方大致掌握主動，在唐朝統一漠北後，尚能維持一極多元之北邊區域權力平衡態勢。

第七節　中古時期陰山地區戰爭之分類統計

　　根據以上諸戰爭表所列戰例統計，由漢興至唐亡，凡 1112 年，陰山地區共爆發戰爭 183 次，平均約 6.08 年發生一次。而此期間，除隋朝時期的 1.87 年／次（28 年，15 次），遠超出中古時期之平均值外，其餘西漢時期 6.16 年／次（208 年，37 次）、東漢時期 6.32 年／次（196 年，31 次）、魏晉時期 6.41 年／次（199 年，31 次）、南北朝時期 6.83 年／次（164 年，24 次）、唐朝時期 6.55 年／次（288 年，44 次），均在中古時期平均值一年之內。隋祚短促，若以隋唐兩朝爲一個時期計算，則戰爭發生頻率爲 5.36 年／次（316 年，59 次），與中古時期平均數值亦僅相差 0.72 個次／年。顯示中古時期陰山戰爭之發生週期，似乎存有某種程度的規律性。

　　本研究跨越七個朝代，時間綿延，空間難判，所列戰例煩複，其間又因環境背景不同，發生原因多元，略術運用迥異，實不易系統分類。但上述所謂的「陰山戰爭」，均與白道、稒陽、高闕、雞鹿塞等四陰山通道，及其延伸線所涵蓋的空間有關；此即筆者所稱之「作戰線」。而此「作戰線」爲一「面」與「空間」之概念，姑以靠近之陰山軍道命名；如由白道向南北延伸之「作戰線」，筆者稱其爲「白道作戰線」，餘類推。「作戰線」涵蓋之範圍，包含該前進方向周邊之地域與所有「交通線」（見圖 2 與 3 示意）；以滿足大軍作戰時戰略集中、「機動」、分進、「展開」所需之空間，與容納爲維持「持續戰力」與發揮「統合戰力」所需之必要補給線與「連絡線」。故筆者亦試就陰山各道所延伸之「作戰線」及「陰山通道」兩大項目，爲中古時期陰山地區戰爭分類、統計與分析之準據，以作本研究參考之基礎。

　　筆者所列中古時期之陰山戰爭，雖然只有 183 次，但統計其所使用各陰山作戰線之總數，卻達 317 次；這是因爲有些戰爭範圍較廣，包括同時經由數條作戰線進行，或有些戰爭係東西方向作戰，跨越多條作戰線的緣故。中古時期陰山各作戰線之戰爭次數統計，如下表：

表七：中古時期陰山各作戰線戰爭統計表

作戰線 時期	白道作戰線	稒陽作戰線	高闕作戰線	雞鹿塞作戰線	合計
西漢時期	26	20	16	14	76
東漢時期	21	13	4	5	43
魏晉時期	22	10	9	6	47
南北朝時期	21	11	10	4	46
隋朝時期	14	4	3	1	22
唐朝時期	33	17	17	16	83
合　　計	137（43.2%）	75（23.7%）	59（18.6%）	46（14.5%）	317

　　上表顯示：「白道作戰線」之重要性，兩漢時期開始顯露，魏晉至初唐時期達於高峰，但在唐朝以「參天可汗大道」通漠北後，逐漸降低。「稒陽作戰線」則始終維持第二地位，「高闕作戰線」又次之，「雞鹿塞作戰線」最少。值得注意的是，唐時發生於高闕與雞鹿塞兩道作戰線（均在河套地區）之戰爭次數和，和發生在白道作戰線者相等，此應與唐統一漠北並通「參天可汗道」，所造成之陰山戰略環境改變有關。

　　另外，在中古時期陰山地區之 183 場戰爭中，跨各陰山道而進行者，共有 159 次（包括一次戰爭使用多條陰山道者）。其中，亦以白道 68 次，最多；稒陽道 36 次，次之；高闕道 31 次，又次之；雞鹿塞道 24 次，最少。若以通過陰山時之作戰方向分，則由北向南作戰計 49 次（30.8%），由南向北作戰計110 次（69.1%）。詳如下表：

表八：中古時期通過陰山各道戰爭統計表

陰山道名 作戰方向		白道	稒陽道	高闕道	雞鹿塞道	合計	
西漢 時期	北向南作戰	6	6	4	4	20	42
	南向北作戰	6	6	6	4	22	
東漢 時期	北向南作戰	3	1	0	0	4	14
	南向北作戰	4	3	1	2	11	
魏晉 時期	北向南作戰	1	0	0	0	1	20
	南向北作戰	13	1	2	3	19	

南北朝時期	北向南作戰	7		5		3		2		17	35
	南向北作戰	10		4		4		0		18	
隋朝時期	北向南作戰	1		0		0		0		1	8
	南向北作戰	4		1		1		1		7	
唐朝時期	北向南作戰	2		1		2		1		6	40
	南向北作戰	11		8		8		7		34	
合計	北向南作戰	20	68	13	36	9	31	7	24	49	159
	南向北作戰	48	42.8%	23	22.6%	22	19.5%	17	15.1%	110	

　　以上數據顯示：就中古時期陰山地區戰爭所使用之陰山通道，與各通道延伸作戰線所涵蓋之地域言，白道與白道作戰線均為使用次數最多者，並向西遞減，稒陽道次之，至高闕與雞鹿塞道而最少。而就陰山通道之使用者而言，又以由南向北作戰者為多，顯示中古時期南方政府較能享有「跨陰山」作戰行動之利。若以各朝代分：西漢時期，南北向作戰次數概等，對各陰山道之使用，以稒陽、白道較多，但高闕、雞鹿塞比例也不低。東漢時期，以南向北作戰為主，作戰線集中於白道與稒陽方面，高闕、雞鹿塞使用率明顯偏低。魏晉南北朝時期，仍以南向北作戰為多，但不論南北，作戰線均以白道為重心，其他各道皆少。隋唐朝時期，依然以由南向北作戰為主，但對白道以外各道之使用次數也明顯增多，且較平均，這可能是因「參天可汗道」開通，使後兩道重要性上升的原因。吾人由此概可窺出中古各時期陰山地區戰略環境變動之輪廓，有助後文之論述。

第三章　中古時期陰山地略及其通道在戰爭中之地位

陰山山脈概由弧形環繞於河套之狼山、向東延伸的色爾騰山、立於黃河北岸的烏拉山與大黑河流域以北的大青山等山地所組成。東西長約 1000 公里，南北寬約 50 公里，橫貫矗立於蒙古高原與河套、大黑河流域的土默川平原之間，東與燕山山脈相鄰，海拔約在 1100 至 2300 米之間，越野通過困難，為古時候軍事作戰上的一大天然「地障」。〔註 1〕縱貫其間之白道、稒陽、高闕與雞鹿塞等交通道路，遂成北塞南北用兵之戰略通道與作戰線所必經，在中古時期游牧與農業民族衝突過程中，居重要地位，其特殊之地略條件，乃對北中國戰略環境變化及歷史發展，產生一定程度影響。

第一節　陰山之歷史地緣及其地略特性對戰爭之影響

陰山山脈位於蒙古高原之南緣，是高原與黃河平原之間的天然界山，故其地形呈現北緩南陡狀況。陰山北麓因與蒙古高原相連，因此坡度和緩，向北逐漸傾沒於漠南大草原與大漠之中，由漠南草原向南看去，陰山只是大草原上的一排隆起小丘，並不特別醒目。但陰山南麓則因是高原與平原之分界，故地形陡峭，從河套與土默川兩平原向北遠望，陰山就像一道突起於平地的高牆，格外雄偉。由於陰山介於平原與高原之間的地形特性，不但是北塞南北交通間的阻障，而且高屋建瓴，也對山南平原及更遠的黃河流域形成瞰制之勢，為攻所必取、守所必固之「戰略要域」。陰山山脈剖面地形如圖 4 所示。

〔註 1〕　本文中有關陰山之地理部分，以參考《內蒙古自治區地圖冊》（內蒙古自治區測繪局編印，內蒙古自治區新聞出版局發行，1989 年 6 月）所載官方資料為主。

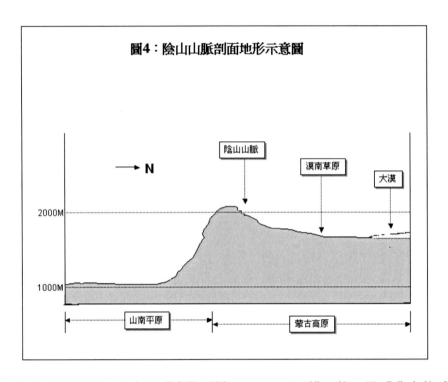

陰山以南平原，自古即「畜牧滋繁」，〔註 2〕可耕可牧，是「農畜牧咸宜帶」上的精華地域，並為中古時期草原民族「生活型態」由畜牧進入農業的重要調適地區。在兩漢以降至隋唐的長期胡漢之間互動過程中，北方游牧民族由此為跳板，向南發展，進入農業地區；南方政權則以此為北線國防重心，或防禦，或向北出擊。由於南北兩大勢力經常交會衝突於此，因此地區內居民之生活型態，亦隨各方力量之興衰更迭，在草原與農業兩大文明之間起伏調整，彼此互動影響，豐富了中華文化的內涵。在這種狀況下，陰山地區也就成了北中國的火藥庫兼民族融合洪爐，在中華民族的歷史發展與多民族文化形成的過程中，實居無比重要地位。

但陰山本身是一阻斷南北溝通的障礙，陰山南北地區之所以能成為中古時期農業與草原兩大民族主要衝突、互動與融合的場所，而活躍於歷史舞台，除其特殊歷史地緣外，亦建立在白道、稒陽、高闕、雞鹿塞等山道跨越陰山的交通作用上。這些山道之交通功能，運用於軍事戰略與野戰用兵之上，即是筆者欲論之「跨地障作戰」，此亦是整個中國中古時期陰山戰爭的核心問題。

〔註 2〕樂史《太平寰宇記》，冊一，卷四十九，〈河東道十·雲州〉，雲中縣條（引《冀州圖》），台北：文海出版社，出版時間未載，頁 401。

　　所謂「地障」，就是指地形上的天然與人爲戰略性「阻絕」而言。〔註3〕一般而言，前者概有穿越困難之山地、不可徒涉之河流、湖泊、海洋與氾濫地區等；後者則包括要塞、堅固城堡、污染（尤指核子、生物、化學）地區與國境線等。大軍作戰行動，凡受地障影響者，均可稱之爲「地障作戰」；而一個地障，其戰略價值的高低，則端視戰略環境與大軍作戰時之可運用程度而定。

　　地障大致可以歸納爲三類：第一類，是有相當長度與寬度之天然地形，能使大軍通過時產生幾個戰略行動方案；如陰山、大漠、長江、黃河與國共戰爭時「徐蚌會戰」的駱馬湖（江蘇徐州東）等。第二，是有相當長度與縱深之人爲阻絕或工事，能阻止或遲滯大軍通過；如核生化污染區、人爲氾濫區、條約限制區（如越戰時期南北越間之北緯17度「非軍事區」、韓戰以後南北韓間之北緯38度「停戰線」）與第二次世界大戰時法國的「馬其諾防線」（Maginot Line）等。第三，是有大範圍、並屯駐相當戰力（含火力），具有堅強防禦功能的築城地帶（即所謂「要塞」）；〔註4〕如北魏設在白道之上的武川鎮，及第一次世界大戰法國設在謬斯河（La Meuse）上的列日（Liege）要塞等。〔註5〕

　　就第二、三類地障之作戰要領而言，守者應將阻絕或工事建立在敵攻所必經之道上，以力求阻止及妨害敵之行動；攻者則須採取強襲、破壞、或繞越通過等手段因應。對第一類地障之作戰而言，無論攻守，其最有利之戰略行動，就是開設、掌握與運用地障通道，以發揮「跨地障」用兵之利。因此吾人可以說，中古時期胡漢互動的歷史發展過程，創造了陰山地區的特殊地緣戰略環境，而在此戰略環境模塑下，又產生了頻繁與多元型態的陰山戰爭，而復因陰山諸通道的存在，更使陰山戰爭變得多姿多彩。

〔註3〕　「地障」與「障礙」在軍語上均指「阻絕」，但涵義不同。習慣上，前者用於大軍作戰，爲戰略用語；後者用於小部隊戰鬥，以指「障礙物」爲主，爲戰術用語。

〔註4〕　《大軍指揮要則》，〈野戰戰略第一部〉，台北：三軍大學戰爭學院，民62年3月22日，頁310。

〔註5〕　列日要塞，建在法國北面的比利時境內謬斯河左岸陡坡上，對準Ardennes森林的狹窄缺口，其目的在防止德國進攻，爲十九世紀最偉大築城專家Henri Brialmont所設計。1882年開工，1892年完成。要塞以二百碼寬的謬斯河爲天然障礙，高出河岸五百呎，周長三十哩，一共部署四百門火砲，每一座砲台都有三十呎深的壕溝，使火砲能隱入地下，並以機槍與速射砲對準斜坡下方死角，每座砲台都裝有探照燈，較大的砲約有守軍四百人，包括兩個砲兵連和一個步兵連。見鈕先鍾師《第一次世界大戰史》，台北：燕京文化事業公司，民66年3月，頁210。

　　不過，「跨地障作戰」之先決條件，就是要取得對地障通道的控制權。也就是說，誰控制了地障通道，誰就有實施「跨地障作戰」的權力而居於有利地位，否則只能沿地障與敵對峙，在戰略上難有作為，這也就是陰山通道在地略特性上對戰爭的最重要影響。例如：漢武帝欲出陰山擊匈奴，於元朔二年（前 127）發動「河南之戰」，自匈奴手中奪取包括高闕在內的整個河套地區，其目的即在先掌握自由進出陰山以北之權（見表一：戰例 16）。

　　又如：東漢永和元年（89）「稽落山之戰」，東漢也是在控制陰山各道之優勢作為下，在山南地區完成整備後，再由稒陽、雞鹿塞兩道出陰山，攻擊北匈奴（見表二：戰例 14）。此外，北魏亦於道武帝登國六年（391）**「擊滅」**劉衛辰，奪取河套地區，完全掌握陰山各道後，始得有沿多條作戰線向漠北出擊之機會（見表三：戰例 23）。另，道武帝天興二年（399）之四路攻高車（見表三：戰例 26），及太武帝始光二年（424）、神䴥二年（429）、太延四年（438）、太平真君四年（443）、太平真君十年（449）等次渡漠作戰，亦均為在控制所有陰山通道狀況下的多路出兵行動（見表四：戰例 2，3，4，6，7）。而反觀隋文帝開皇三年（583）楊爽大破突厥主力於白道，但卻未乘勝向北擴張戰果（見表五：戰例 2）；筆者以為，這可能與當時陰山以北地區仍屬突厥勢力範圍，隋軍未能有效控制稒陽以西陰山諸道，不具跨陰山作戰條件，而不敢輕易向山北出擊的原因。

第二節　陰山地略對由北向南戰爭的影響

　　中古時期通過陰山而進行的戰爭概有 159 次，平均約每 7 年發生一次（見表八）。其中由南向北作戰者 110 次，由北向南作戰者 49 次（不含游牧民族小兵力、單方面之劫掠為）。兩者相較，南方大軍通過陰山向北作戰之次數，遠多於北方大軍向南作戰，證明前者擁有較為有利的「跨地障」作戰條件與機會；筆者認為，此應與雙方所居戰略位置相對、作戰線方向相反，而所受之地緣影響不同有關。中古時期北方大軍由北向南之作戰，多出現於北強南弱、南方政亂或北方自認有可乘之機時。其作戰類型約略有二，一是以漠北為「基地」之「渡漠攻擊型」，一是以山南為基地之「直接進攻型」。概分析如下：

一、北方大軍以漠北爲基地

　　大軍首先須通過大漠，到達漠南草原，完成戰略集中或整備後，再繼續越陰山南下，攻擊山南地區。若南方大軍未在陰山設防（如設工事或築長城），或雖設防，但疏於警戒，北方大軍則可發動奇襲，或自由選擇進攻路線；南方大軍則甚難判明其「接近路線」。本狀況如圖5示意。

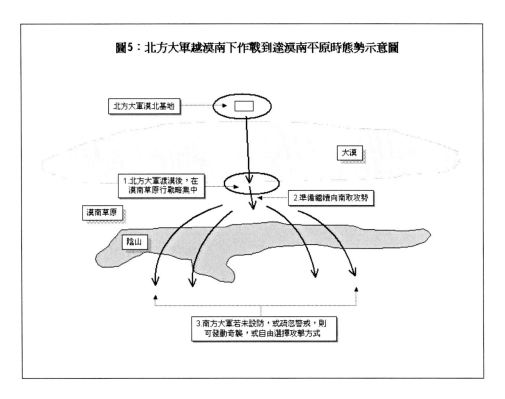

　　中古時期北方大軍以此種作戰方式攻入山南地區，造成震撼效果之行動，屢見於史。例如漢武帝太初三年（前102）秋，匈奴大入定襄、雲中，殺略數千人，敗數二千石，破壞光祿所築城列亭障（見表一：戰例27）。又如，北魏始光元年八月，柔然紇升蓋可汗聞魏明元帝拓跋嗣卒，乘陰山方面無備，率兵六萬，由白道方面入雲中地區，殺掠吏民，攻陷盛樂宮（見表四：戰例1）。若南方大軍能於山北設防，當能有效阻礙北方大軍渡漠後之攻擊行動，這可能是太初元年（前104）漢武帝命因杅將軍公孫敖築「受降城」於陰山北（今內蒙烏拉特中後旗與達茂旗之間），〔註6〕及太初三年（前102）「漢使光錄徐

〔註6〕 《史記》，卷一百十，〈匈奴列傳第五十〉，頁2915。

自為出五原塞數百里，遠者千餘里，築城障列亭」之原因。但此等工事，位於地障遠端，維持不易，是其弱點。

又由於北方大軍由漠北到達山南地區之前，須連續通過大漠與陰山兩道地障，補給線出現兩次「脆弱階段」（見圖6示意），其持續戰力必已遭受相當程度削弱，即使佔領山南地區，若不能立即解決補給問題，也不利後續作戰。如貞觀十五年（641），薛延陀以二十萬大軍「踰漠而南，行數千里」，到達白道川（今內蒙呼和浩特一帶）時已「糧糒日盡」，缺乏持續戰力，致攻勢衰竭，無法再越過大業長城之線繼續攻擊東突厥，只得退兵（見表六：戰例12）。

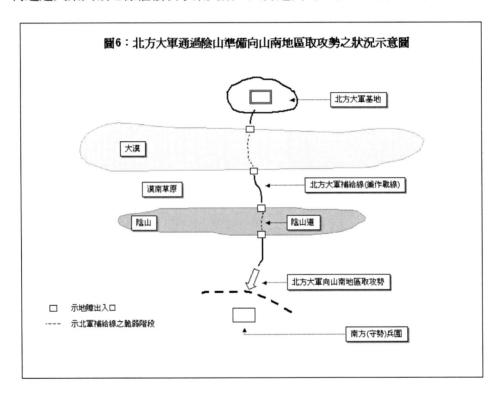

圖6：北方大軍通過陰山準備向山南地區取攻勢之狀況示意圖

北方大軍出大漠到達漠南草原時，另一可能遭遇之不利狀況，即是守者已控制陰山通道。此時北方大軍處於陰山、大漠兩大地障之間，行動空間不足，「**戰略縱深**」受限，復遭守勢兵團之監視與牽制，停留愈久，愈有被攔截「殲滅」之危險。如漢武帝元朔五年（前124），匈奴右部停駐於高闕之北，遭漢車騎將軍衛青夜襲「擊潰」（見表一：戰例19）；及唐太宗貞觀四年（630），東突厥頡利可汗滯留於陰山北麓鐵山附近，為李靖與李勣奔襲擊滅（見表六：戰例11）。若守者已在陰山之上設置要塞，或部署防禦陣地，而此時北方大軍

若欲貫徹其向南取攻勢之既定戰略構想，就必須先以攻堅方式，排除位於陰山通道之上的前進障礙，並必前後分離、逐次通過地障，狀況當不利於「長於野戰，短於攻城」之北方草原游牧民族。攻勢兵團通過設防地障之狀況與過程，如圖7示意。

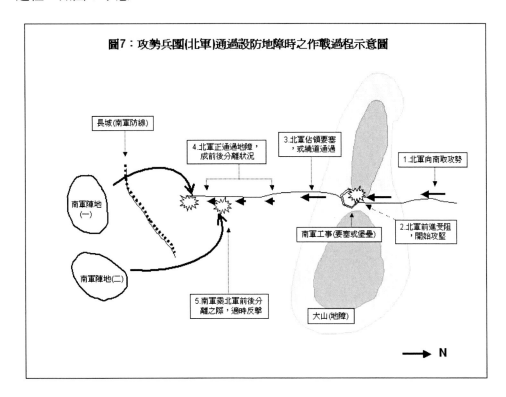

因此，只要南方大軍能在陰山設防，就能對北方的攻擊行動造成限制。如，北魏爲防柔然，神䴥二年（429）太武帝拓跋燾設「鎮」於漠南（見表四：戰例3），孝文帝時期並「每歲秋冬，遣軍三道并出，以備北寇」，[註7] 故至孝武帝神龜末年（神龜三年爲 520），涼州刺使袁翻方得有「得使境上無塵數十年」[註8] 之言；不過這種守備方式耗費鉅大，須考量國力。又如，唐中宗景龍二年（708），朔方道大總管張仁愿築三受降城於河北，首尾相應（見表

───────────────

〔註7〕　《魏書》，卷十一，〈列傳第二十九·源賀傳〉，頁922。

〔註8〕　《魏書》，卷六十九，〈列傳第五十七·袁翻傳〉，頁1541。惟按照第四章第一節表四所列，神䴥之後至北魏末，柔然共掠邊 17 次，次數不能算少，而所謂「得使境上無塵數十年」，則可能是指未再出現像天興五年（402）、元光元年（424）及太延五年（439）等次柔然大入雲中、盛樂、參合之狀況而言（見表十：戰例 29，及表四：戰例 1、5）。

六：戰例32），自此邊患亦少。

此外，北方大軍到達山南地區後，若攻勢受阻，須退回山北時，容易在地障口造成混亂與擁塞，亦爲可能出現之不利狀況。如東漢明帝永平十六年（73），北匈奴大舉侵入雲中郡（郡治在今呼和浩特西南，即托克托縣古城鄉），雲中太守廉范率部拒之，匈奴不勝將退，突遭漢軍拂曉奇襲，五千匈奴軍隊立即擁塞於狹窄之地障出入口，出現爭相搶路、自相轔藉之混亂狀況，死者千餘人，匈奴乃潰敗而去（見表二：戰例13，圖8）。

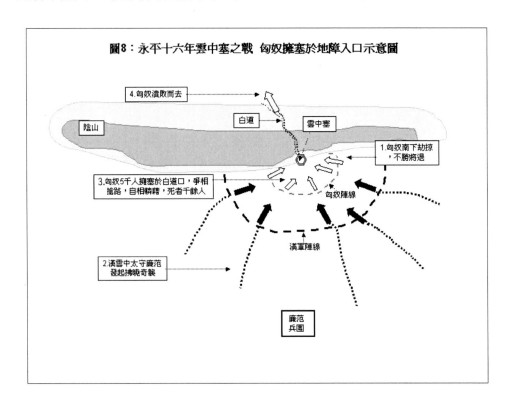

圖8：永平十六年雲中塞之戰 匈奴擁塞於地障入口示意圖

二、北方大軍以山南爲基地

由於漠南草原夾於陰山與大漠兩大地障之間，既無足夠「戰略縱深」，又無可作戰鬥依托之有利地形，缺乏作爲大軍「防禦地區」與作戰基地之條件，只能擔任前哨陣地。故中古時期北方大軍在此駐牧有之，設「警戒陣地」有之（見表一：戰例31），但未有建立向南攻擊之「前進基地」者。惟北方草原民族佔領山南地區後，以此山南爲基地南進之戰例，則普遍見於中古時期各朝代。若北方大軍能據有陰山以南肥沃之河套地區與（或）「畜牧廣衍，龍荒

之最壞」〔註9〕之大黑河平原，不但可以跨陰山自由轉用兵力，而且後勤補給也較爲無慮。由此而南，居高臨下，狀況大致有利；中原出現亂局時尤然。

　　若北方大軍能同時佔領包括今鄂爾多斯高原在內的整個「河南地」，則對中原更具有「角形基地」態勢。漢高帝時，匈奴「悉復收秦所使蒙恬所奪匈奴地者，與漢故關河南塞，至朝那（今寧夏固原東南）、膚施（今陝西榆林南），遂侵燕、代」；〔註10〕當時匈奴所居者，就正是這種能從西、北兩個方向直接威脅中原的有利戰略態勢（見第五章第一節，圖22）。漢高帝七年（前200），匈奴冒頓單于圍漢帝劉邦於白登（今山西大同東北）七日（見表一：戰例5）；隋煬帝大業十一年（615），突厥始畢可汗圍隋煬帝於雁門（今山西代縣）三十二日（見表五：戰例11）；都是北方大軍以山南地區爲基地而南下作戰之例子。而鮮卑拓跋氏以大黑河至桑乾河流域爲其根據地，實施內線作戰，統一北中國，建立強大北魏政權達一個半世紀之久，更說明了山南地區對中原作戰的優越基地條件。

　　惟北方大軍以山南地區爲基地向南進出，基本上雖居於有利態勢，但筆者觀察中古時期的陰山戰爭也發現，除去中國呈現分裂狀態之魏、晉、南北朝諸時期外，在統一帝國時期的兩漢、隋、唐四朝，北方大軍向中原方向之攻勢，似乎又受到一種無形力量的侷限，使其未能更向南深遠突入。根據戰史，北方大軍向南突入的極限：西漢時期，匈奴攻勢最遠到達晉陽（今山西太原）之線（見表一：戰例4）。東漢初期，匈奴及其所擁立之割據勢力，止於安定（治所今寧夏固原）、上郡（治所今陝西膚施）、樓煩（今山西寧武）之線（見表二：戰例2，4）。隋朝時期，突厥概抵鹽州（治所今陝西定邊）、雕陰（治所今陝西綏德）、雁門（治所今山西代縣）之線（見表五：戰例11，14）。初唐時期，突厥亦在鹽州、夏州（治所今內蒙烏審旗南）、潞（今山西長治）、沁（今山西沁源）、韓（今山西襄桓）〔註11〕之線間推移（見表六：戰例6，7，9）。也就是說，這四個時期的北方大軍攻勢，大抵止於今鄂爾多斯高原南緣、陝西與山西

〔註9〕《通鑑》，卷一百九十三，〈唐紀九〉，太宗貞觀四年正月條，胡注引宋祈曰，頁6071。又，有關大黑河流域畜牧滋繁之狀況：《太平寰宇記》，冊一，卷四十九，〈河東道十・雲州〉，雲州縣條引《冀州圖》，頁401；及《魏書》，卷二十四，〈列傳第十二・燕鳳傳〉，頁610，亦有涵意相同之記載。
〔註10〕《史記》，卷一百十，〈匈奴列傳第五十〉，頁2890。
〔註11〕韓州爲北周建德六年（577）置，治所在今山西省襄桓縣。隋開皇初廢，唐武德元年（618）復置，貞觀十七年（643）又廢。見前引魏嵩山《中國歷史地理大辭典》，頁1090。

中部之線（約在北緯 36 度線上下），未能向更南發展。

研究其原因，一方面固與北方草原民族較不重視土地奪取有關，另一方面也可能是受到「作戰地區特性」因素的限制。這些限制因素大致有：（一）大軍背對陰山作戰，戰略縱深不足。（二）與「**後方地區**」（漠南草原或漠北）之「連絡線」，須通過陰山，呈現補給線過長及脆弱狀況。（三）軍隊與戰馬，在進入「農業優勢地區」後，短時間內難適應其地形特性與天候環境。〔註12〕（四）作戰地區之農業居民結構，迥異於草原社會文化之生活形態。〔註13〕（五）地方自發性的塢堡營壁等防衛組織與工事，不利騎兵戰鬥。〔註14〕這

〔註12〕 在人員與馬匹的因素上，北方草原民族「地形技藝與中國異」，故進入中原作戰時，在天候與地形方面，可能都有適應不良之處，其狀況應如西漢時晁錯「上言兵事」所曰（見《漢書》，卷四十九，〈爰盎晁錯傳第十九〉，頁 2281）。而其中「北馬南用」時的水土不服問題，恐怕尤其嚴重。見《魏書》，卷一百一十，〈食貨志〉，頁 2857 載：「高祖（北魏孝文帝）即位之後，復以河陽（今鄂爾多斯高原北）為牧場，恆置戎馬十萬匹，以擬京師軍警之備。每歲自河西徙牧於并州，以漸南轉，欲其習水土而無死傷也。」可見「馬匹習水土」，對作戰而言，是十分重要之事。

〔註13〕 筆者認為，作戰地區內農業人口居絕對優勢的居民結構，連帶以農業生產為主軸的社會文化，亦是影響草原民族在中原地區建立「戰爭面」與作戰發展的原因之一。以西漢時期為例，當時匈奴人口稀少，「不能當漢之一郡」（見《史記》，卷一百十，〈匈奴列傳第五十〉，頁 2899）。據梁方仲《中國歷代戶口、田地、田賦統計》，上海：人民出版社，1980 年 8 月，頁 16～17 之統計：平帝元始二年（2），北邊諸郡人口數，朔方四郡為 1,673,450，并州六郡為 1,926,876，合計 3,600,326，應遠較匈奴當時人口優勢。魏晉以後，雖然胡人南漸，大量進入農業地區，但胡人優勢地區亦只到達北緯 35 度 40 分線附近，此即毛漢光師〈晉隋之際河東地區與河東大族〉中所謂之「汾河南線」（收入《中央研究院第二屆國際漢學會議論文集》，台北：中研院史語所，民 78 年 6 月，頁 594～600）。惟上述胡人歷經數世紀生活型態之調適，也多已漢化，故到了隋唐時期，河東一帶仍是農業人口優勢地區。筆者認為，這樣的人口結構，對游牧生活型態北方大軍在地區內的作戰發展而言，應有一定阻力。

〔註14〕 地方性自衛武力，多產生於外患侵陵，叛亂頻仍的時代。東漢靈帝崩後，天下大亂，匈奴寇河內諸郡，「時民皆保聚，鈔掠無利」（見《後漢書》，卷八十九，〈南匈奴列傳第七十九〉，頁 2965）。西晉末，五胡亂華，天下擾攘不安，其中關東和關中是受到戰火蹂躪最慘烈的地區，沒有南遷的豪右大姓，面對剽悍的胡騎，以及源源不斷擁來的部落民族，為求生存，遂在岡巒起伏、河流環繞、形勢險要之處，建築塢堡，藉以保衛自己的生命和財產。而這些「平地並村，高山結寨」的塢堡群，對長於游擊運動，短於陣地攻城之胡人而言，就成了他們軍事行動上的一大阻礙。見黃寬重〈從塢堡到山水寨〉，收入《中國文化新論社會篇·吾土與吾民》，台北：聯經出版社，民 82 年 6 月，頁 232～238。又，有關魏晉南北朝時期塢堡之研究，可參閱薩孟武《中國社會政治

些因素，均對北方大軍之南下作戰，形成一定程度的阻礙，影響其作戰發展與戰果維持。

　　大體而言，北方大軍以漠北為基地南下作戰，須連續渡過大漠與陰山兩大地障，補給線脆弱，且漠南草原縱深短淺，又無屏障地形，態勢不利；尤其當南方大軍在陰山設防，或於山南部署反擊兵力時，北方大軍之不利態勢就更加明顯。如果北方大軍已進入山南地區，且以其為前進基地向南取攻勢，則能「就地因補」以縮短補給線，掌握後勤支援較易之優勢；故北方大軍南下作戰初期，除背對陰山戰略縱深不足，及陰山出口附近易形成「戰略翼側」外，態勢大致有利。但隨爾後進展，逐漸進入黃河流域之農業地區後，因補給線拉長，及作戰地區特性與其他社會條件影響，戰力發揮與作戰發展均受限制，因此如不能迫敵決戰，即須迅速脫離，故戰果亦難以維持。

第三節　陰山地略對由南向北戰爭的影響

　　中古時期的陰山戰爭，南方大軍由南向北作戰，多出現於南強北弱或北方天災、政亂、分裂之時，其攻勢類型，依作戰基地位置與戰略環境的不同，亦可區分為兩種：一種是由黃河流域向陰山及其以北地區攻擊；另一種是由山南地區出陰山向北攻擊。這兩種作戰之成敗與是否能擴張戰果，可說完全繫乎「跨陰山」用兵之行動上。茲分析如下：

一、由黃河流域向陰山取攻勢

　　本處所謂之黃河流域，僅指陰山正對的黃河縱流河段之間與兩側所涵蓋地域而言，概包括今寧夏回族自治區之賀蘭山北段以東、內蒙自治區南部之鄂爾多斯高原、陝西與山西兩省中北部一帶。就野戰用兵原則言，大軍背對地障作戰，無論攻守，均有戰略縱深不足與戰略翼側受威脅之弱點；愈靠近地障，此弱點愈益顯著，此亦或南方大軍常在陰山以南構築長城及防禦工事之原因（大軍背對地障作戰之不利狀況，如圖9示意）。

史》（第一冊），第六章，台北：三民書局，民55年。趙克堯〈論魏晉南北朝的塢壁〉，收入《歷史研究》（第六期），台北：民69年。及易毅成〈華北塢壁的分布演變與晉廷勢力消長〉，收入《屏東師院學報》，第10期，屏東師院，民86年6月，頁283～318。

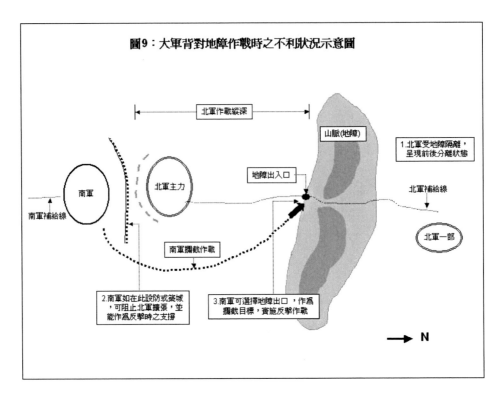

圖9：大軍背對地障作戰時之不利狀況示意圖

因此，北方大軍若佔領山南地區，而南方大軍由黃河流域向其發動攻勢時，則可利用陰山為底，以正面壓迫與（或）「翼側」攔截方式，迫北方大軍在缺乏行動空間與（或）退路被截之不利狀況下決戰而擊滅之。如晉孝武帝太元元年（376）「前秦滅代之戰」（見表三：戰例 17）、隋文帝開皇三年「白道之戰」（見表五：戰例 2）等。而在南方大軍之攻擊過程中，由於北方大軍處在背對陰山、補給線須通過地障、兵力又可能被地障分割之不利態勢下，故較易獲致戰果，即使漢初面對強大如匈奴者亦然。如漢高帝十二年（前195），漢太尉周勃定鴈門十七縣、雲中十二縣（見表一：戰例 7）；漢文帝前元三年（前 177），匈奴右賢王入居河南地，大入北地、上郡，為丞相灌嬰擊退；漢武帝元朔二年（前 127），衛青至高闕，戰略「突穿」匈奴南北連絡線（見表一：戰例 16）等。

而又由於北方大軍所處受地障壓迫之不利戰略環境，亦損傷其精神戰力，直接削弱其有形戰力，致在「序戰」或「遭遇戰」階段，經常因「敵情不明」而無備或產生惶恐，致主力輕易被南方兵團小兵力或大兵團一部擊敗或擊潰。如隋文帝開皇三年「白道之戰」，隋朝行軍元帥楊爽以李充之「精騎

五千」，擊潰突厥沙鉢略可汗（見表五：戰例2）。又如唐太宗貞觀四年（630）「定襄之戰」，唐朝兵部尚書李靖以「驍騎三千」，夜襲定襄，擊破突厥頡可汗牙帳，迫使頡利退向陰山之北；該戰若并州都督李勣之攔截兵力能及時到達配合，斷其退路，則唐朝恐在白道之南，即已提前擊滅東突厥，不須再進行第二階段之「鐵山之戰」（見表六：戰例10、11）。

筆者觀察中古時期陰山戰爭又發現，當優勢南方大軍由黃河流域向陰山地區取攻勢時，最常採用的作戰方式，就是多路「向心進攻」；也就是實施「外線作戰」。如上述晉太元元年前秦以四路大軍滅代、隋文帝開皇三年楊爽兵分八道進攻突厥沙鉢略可汗、唐太宗貞觀四年李靖節制六路大軍出擊東突厥頡利可汗、貞觀十五年唐軍五路反擊薛延陀、及唐高宗永隆元年（680）禮部尚書裴行檢三路出擊突厥溫傳與奉職部（見表六：戰例19）等戰爭均屬之。以「唐滅東突厥之戰」為例，貞觀三年（629）十一月二十三日，唐太宗詔令并州都督李勣為通漢（漠）道行軍總管，華州刺史柴紹為金河道行軍總管，任城王李道宗為大同道行軍總管，幽州都督衛孝節為恆安道行軍總管，營州都督薛萬徹為暢武道行軍總管，統由定襄道行軍總管李靖節度，總計十餘萬大軍，六路反擊東突厥；而由李靖與李勣會師於白道，及李道宗攔截頡利於靈州以北之實戰狀況（見表六：戰例11），即能概知唐太宗在本作戰的用兵基本指導概念，就是建立在以陰山為中心的包圍殲滅構想之上（唐太宗反擊東突厥之戰略構想，如圖10示意）。〔註15〕

但如果南方大軍逸失戰機，未能在山南地區拘束、壓迫或攔截北方大軍，致其能自由向陰山以北退卻，而南方大軍須越陰山追擊時，則有利態勢即告中止，後續作戰成敗，端視雙方戰場指揮官在跨陰山作戰過程中之臨機作為上。中古時期的此類戰例甚多，南方大軍有失敗，也有成功。前者如東漢靈帝熹平六年（177）「漢鮮之戰」，鮮卑大人檀石槐逆戰擊滅漢軍三路兵團於大漠之上（見表二：戰例30）；後者如唐太宗貞觀四年（630）與十五年（641），唐軍於陰山

〔註15〕唐太宗反擊東突厥之詔令，見《舊唐書》，卷二，〈本紀第二・太宗上〉，頁37。《新唐書》，卷二，〈本紀第二・太宗〉，頁30（薛萬徹作薛萬淑）；《通鑑》，卷一百九十三，〈唐紀九〉，貞觀三年十一月條，頁6066，所載略同。又筆者按，隋及唐初在「某某總管」之前加「行軍」兩字，意為「戰時指揮官」，事罷則除；與平時之地區「總管」不同。有關隋唐「行軍作戰體系」問題，見雷家驥師《隋唐中央權力結構及其演進》，第五章，〈唐朝軍事政策與國防軍事體系的奠定與發展〉，台北：東大圖書公司，民84年2月，頁462～503。

北麓分別擊滅東突厥頡利可汗與薛延陀大度設兵團之戰（見表六：戰例 11，13）。

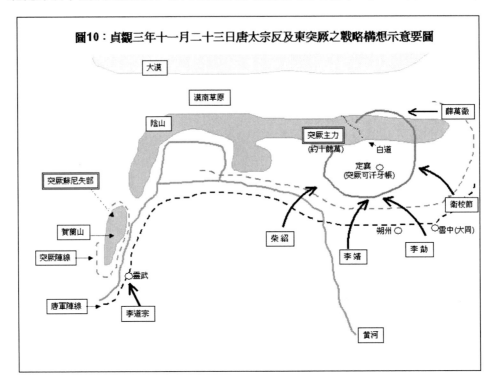

二、由陰山向大漠方向取攻勢

這是南方大軍以山南地區為作戰基地，向陰山以北地區取攻勢之狀況。由於漠南草原平坦單調，除陰山外，中間並無可供支撐之地形與利於隱蔽之地貌地物，不適於北方大軍面向南方之防禦。而北方大軍若欲在漠南草原勉強建立防線，則其背對大漠，補給線長而脆弱，亦不具備在該地區配置與維持持續守備兵力之條件，尤其是對短於陣地作戰之北方游牧民族而言。故南方兵團只要佔領陰山以南之線，通常就能控制陰山各通道，掌握跨陰山作戰之利；同時亦能以山南地區為基地，縮短補給線，由此越陰山向漠南草原出擊，大致具備就地「戰略展開」、主動、彈性與奇襲等戰略利益。如漢武帝元朔二年至元狩四年（前 127～前 119）衛青與霍去病等將北擊匈奴諸役（見表一：戰例 19，21，22），前述東漢和帝永元元年（89）竇憲擊北匈奴於稽落山之戰，及唐太宗時李靖、李勣擊東突厥與薛延陀與陰山北麓之戰等。

此外，南方大軍因控制陰山通道，所具有之「跨地障」自由轉用兵力之利，亦見於晉哀帝興寧三年（365）代王什翼犍由雲中北出白道，西繞陰山，

南轉東渡黃河，攻擊據有河套地區的匈奴左賢王劉衛辰之戰（見表三：戰例13）。〔註16〕又若南方大軍在陰山之上設有要塞或堅固工事（如北魏時設於白道上之武川鎮），更可將對北方作戰之攻勢發起線向前推進至漠南草原；如北魏太平眞君四年（443）「鹿渾谷之戰」，魏軍戰略集中與展開之位置，均在陰山北麓（見表四：戰例6）。

　　但是，當南方大軍以山南地區爲基地向漠北地區取攻勢時，則因補給線須連續通過兩次地障（陰山與大漠），故亦呈現脆弱狀況，尤其大漠自然環境惡劣多變，不但大大限制了南方大軍之「戰略機動」與戰力發揮，而一旦遇見天候突變，更難免遭受重大損傷，在在均不利南方大軍之作戰。以北魏渡漠出擊柔然之戰爭爲例：登國六年（391），魏王拓跋珪追擊柔然時補給不繼，必須宰殺副馬以爲兵食，以延長作戰時間（見表三：戰例22）；神瑞元年（414），明元帝拓跋嗣遣將入大漠反擊柔然，途中遇大雪，魏軍死傷無數（見表三：戰例31）；太延四年（438），太武帝拓跋燾北擊柔然，時漠北大旱，無水草，人馬多死（見表四：戰例4）。神䴥二年（429），太武帝入漠對柔然作戰，爲爭取時間並減輕補給負擔，均須捨棄輜重，以輕騎備（副）馬入漠（見表四：戰例3）。而漢朝對匈奴之戰爭亦然，據《史記・匈奴傳》載漢朝衛青、霍去病等人對匈奴作戰之總結戰果時曰：「漢兩大將軍大出圍單于，所殺虜八九萬，而漢士卒物故亦數萬，漢馬死者十餘萬。」〔註17〕可見衛青、霍去病渡漠作戰的輝煌戰績，也是建立在本身慘重傷亡的基礎上。以上這些事例，當能相當程度顯現大軍在地障作戰所遭遇之困難。

　　總而論之，南方大軍以陰山以南地區爲基地向北取攻勢時，在漠南草原之上，因能就近「跨地障」作戰，居於有利地位。但如欲渡漠作戰，則受到補給線脆弱及漠地環境特性影響，戰力發揮受到限制，狀況轉趨不利。而且北方草原民族「輕疾無常，難得而制」之游牧生活型態，〔註18〕與「見敵便走，乘虛復出」之飄忽行動特性，〔註19〕南方大軍蹺漠而北，千里而來，甚難捕捉其「有生戰力」而殲滅之，因此南方大軍之入漠作戰，亦經常無功而還，形成其國力上的鉅大浪費。有關南方大軍之渡漠作戰，筆者於第八章再作深入分析討論。

〔註16〕當時代國控制陰山以北之漠南草原，及稒陽（含）以東之陰山道。見譚其驤《中國歷史地圖集——東晉十六國・南北朝時期》，頁9～10。
〔註17〕《史記》，卷一百十，〈匈奴列傳第五十〉，頁2911。
〔註18〕《通鑑》，卷一百二十一，〈宋紀三〉，文帝元嘉六年（429）四月條，頁3808。
〔註19〕《魏書》，卷四十四，〈列傳第三十二・費于傳〉，頁1003。

　　不過，特別值得注意的是，理論上佔領山南地區的南方大軍，只要設防線或前進基地於陰山以北，就能掌握其在漠南草原上之主動權利。但觀察中古歷史，除漢武帝時建受降城及設城障列亭於陰山北麓，及北魏時於武川建鎮陰山上及秋冬駐軍漠南外，南方政府絕大部分之時間，均置北邊國防線於陰山以南之線，其重要手段，即是在山南地區築長城（見第四章第五節析論）。何以如此？筆者以為，其原因有二。其一：山南主基地與山北防線之間，有陰山相隔，連絡困難，草原生態環境又不適屯田，長期維持此一防線不易（如光祿塞只建數月即遭匈奴破壞，見表一：戰例 27），不如控制機動戰力於山南地區，視北方大軍之行動，相機作戰。其二：若北方大軍通過漠南草原、越陰山而下，則其背對陰山與南方大軍對峙，戰略縱深受限，補給線脆弱，戰略態勢不利，有利南方大軍之攔截與反擊（見圖 9 示意）。是故，將北邊國防線置於山南地區，並築長城鞏固之，似乎就成了中古時期南方政府在穩當、安全與節約原則考量下，必然的選擇了。

第四節　陰山各道在戰略上的關連性

　　中古時期，當陰山地區分屬不同勢力時，也出現甚多沿陰山周邊東西方向作戰之戰例。如漢武帝元朔二年（前 127）「河南之戰」、東漢桓帝永壽二年（156）「檀石槐進攻雲中之戰」（見表二：戰例 27）、晉哀帝興寧三年（365）至孝武帝寧康二年（374）「代王什翼犍三擊劉衛辰之戰」（見表三：戰例 13，15，16）、晉孝武帝太元十六年（391）「拓跋珪滅劉衛辰之戰」（見表三：戰例 23）等。筆者認為，這些戰爭中的攻擊一方，都應具有消除「戰略翼側」威脅，與爭取陰山通道控制權之雙重戰略目的。

　　就「地障作戰」之學理言，當一條山脈擁有數條平行通道時，其各相鄰通道之間，就會存有某種程度的正反互動關係。正的方面，是指相鄰通道同屬一方時，安全上的加強與互補；反的方面，是指相鄰通道分屬敵對兩方時，行動上的牽制與妨害。因為有了這種鄰接通道互動關係的存在，所以大軍在通過擁有多條通道之地障作戰時，為享有完整的「跨地障」作戰利益，就必須先掌握地障上所有通道之控制權。反之，若鄰接通道為敵方所有，則大軍在通過地障過程中，「戰略翼側」就會受到來自鄰接通道方面的威脅，並有在前後分離狀況下，被對方各個擊滅的危險。大軍掌握多條通道時之「跨地障」

作戰之利，已如本章第一節之分析，不再贅述；本處僅再就一條山脈擁有兩條通道、東西對峙之兩軍各據其一，假想一方正向其他方向行動，而一方相機攻擊時之各種狀況，以說明鄰接地障通道互動之關連性：

一、兩軍均在地障同一端，分據東西時

（一）西軍正通過地障向北行動

東軍可乘西軍正逐次通過地障、兵力前後分離之際，藉右翼地障依托，側擊西軍地障入口處，造成攔截效果，迫西軍在連絡線被截斷、戰力分散之不利態勢下決戰。其狀況如圖 11 示意：

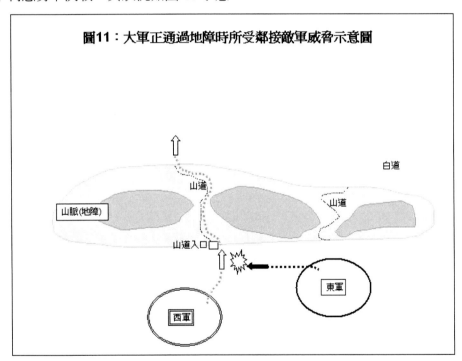

圖11：大軍正通過地障時所受鄰接敵軍威脅示意圖

（二）西軍正背地障向南行動

東軍可乘西軍戰力遠離、後方薄弱之際側擊之，不但能破壞西軍補給系統，摧毀其向南作戰之持續戰力，並能迫西軍在喪失補給線之狀況下，「顛倒」「作戰正面」決戰。如果西軍主要基地在地障另一端，則東軍更可截斷其跨地障之連絡線，創造西軍在前後分離狀況下「被迫」決戰之有利態勢。大軍背對地障行動時，所受鄰接敵軍威脅之狀況，如圖 12 示意：

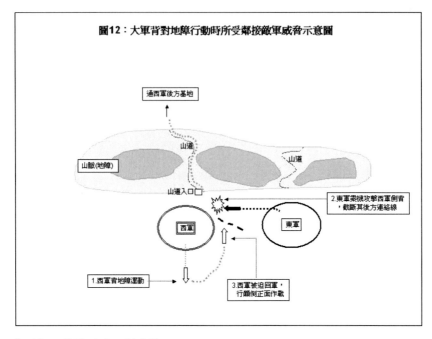

（三）西軍正向西行動

　　東軍亦可如前一狀況，乘西軍戰力向西離心遠離、後方薄弱之際，由東向西擊之，可迫西軍回軍在脫離補給線之不利態勢下，「顛倒正面」與東軍決戰，其所獲戰略利益同上。狀況如圖 13 示意：

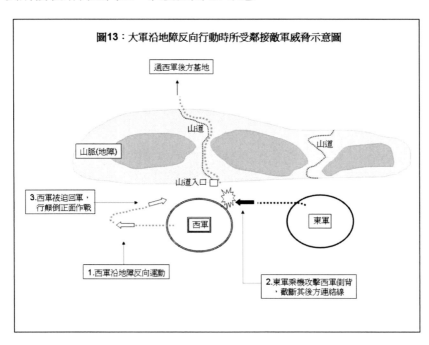

二、兩軍分據地障南北側、各控有一條通道時

（一）南軍向北跨地障行動

本狀況，因北軍控有與南軍相鄰接之地障通道，故亦有跨地障作戰之相同條件。當南軍正通過地障時，可以「一部」兵力，就近拘束或侷限南軍先頭部隊行動於地障北端出口處，使其無法通過或展開。另以「主力」（或「有力一部」）〔註20〕使用本身所控制之通道，跨地障向南轉用兵力，側擊南軍地障入口，突穿南軍陣線，分割其作戰序列，造成南軍前後分離，先迫使其停留於地障外之一部兵力，在作戰正面與補給線平行之極不利狀況決戰。俟將該部擊滅後，再轉移兵力，繼續擊滅地障內或已到達地障北端之敵，以達各個擊滅敵軍之目的。其狀況概如圖 14 示意：

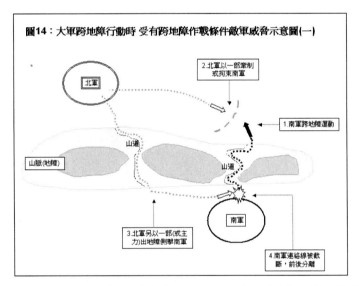

圖14：大軍跨地障行動時 受有跨地障作戰條件敵軍威脅示意圖(一)

此外，在本狀況中，北軍平時亦可就距離較近之便，於地障北端先行部署有利陣地，預置兵力，以堵塞南軍所控制之通道出口，使其喪失跨地障作戰之條件。北軍亦可利用兵力集中於地障北端之態勢，當南軍正利用其所控制之通道，行跨地障機動之時，乘其一部已出地障，一部仍在地障中，前後分離，戰力分散之際，側擊地障北端出口，迫使南軍已出地障之兵力在極不利之狀況下與北軍決戰。北軍則可先擊滅已出地障之南軍一部後，再轉移兵力繼續擊滅地障內之其他南軍。其狀況概如圖 15 示意：

〔註20〕筆者按，大軍作戰時，通常「主力」是指總兵力的二分之一以上，「有力一部」則介於「主力」與「一部」之間，指總兵力的三分之一至二分之一而言。

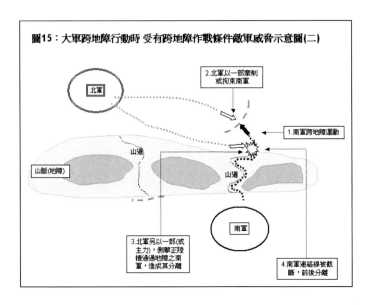

圖15：大軍跨地障行動時 受有跨地障作戰條件敵軍威脅示意圖(二)

（二）南軍向地障南側之其他方向行動

本狀況，是指南軍背對地障向北方以外之方面行動而言。如果南軍所控制之地障通道在西，北軍在東，則當南軍向西、南兩方向行動時，北軍可經由其所控制之通道，出地障南下攻擊南軍側背，迫南軍在作戰正面與補給線平行、或脫離補給線而「顛倒正面」之態勢下決戰。此時南軍所處之極不利狀況，概同圖 13、14 中之西軍，不再贅論。若南軍向東（即北軍所控制之地障口）行動，則北軍可待南軍通過之時或通過之後，出地障攔截，擊其側背，迫其決戰。其狀況概如圖 16 所示：

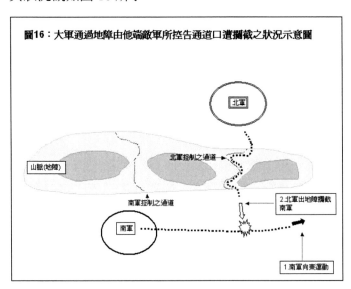

圖16：大軍通過地障由他端敵軍所控告通道口遭攔截之狀況示意圖

由以上分析知，一個擁有多條通道之地障，居其一端的野戰大軍，如欲享受完整之跨地障作戰利益，就需同時擁有該地障所有通道之控制權；若僅能掌握其中之一，而鄰接通道為敵軍佔領時，就會出現戰略行動受到嚴重限制的不利狀況。而為排除威脅，確保在地障附近作戰時行動上的自由、安全與主動，其先決條件，就是爭取所有地障通道的控制權。

漢武帝伐匈奴，起初雖控有白道與稒陽道，但漢軍卻不由此北擊，而於元朔二年（前 127）衛青攻略河南地後，才於元朔五年（前 124）取高闕道出陰山，發動「漠南之戰」，擊潰匈奴右賢王部（見表一：戰例 19，圖 17），可能就是基此戰略安全及主動上的考量。東漢和帝永元元年（89），竇憲在掌握陰山各道控制權之狀況下，其大軍方得從容在山南地區完成作戰整備，並選擇距目標最近之稒陽、雞鹿谷兩道出陰山，以擊北匈奴。而北魏也是於登國六年（391）擊滅劉衛辰，奪取河套地區，消除西翼威脅後，始具向南發展之基本條件。這些戰例，都可說明陰山各通道間具有安全互動關係；而此互動關係，又大大影響中古時期北邊戰略環境之變化。

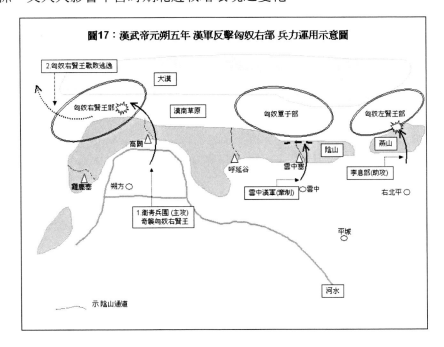

圖17：漢武帝元朔五年 漢軍反擊匈奴右部 兵力運用示意圖

第五節　白道是中古時期陰山最重要軍道

在第二章筆者所彙整的中古時期陰山 183 場戰爭中，使用白道、稒陽、

高闕、雞鹿塞等四條作戰線的比率，依次是白道作戰線 42.2%，稒陽作戰線 23.7%，高闕作戰線 18.6%，雞鹿塞作戰線 14.5%，由東向西遞減（見表七）。而在這 183 場戰爭中，又有 159 次通過陰山四道，分別是白道 42.8%，稒陽道 22.6%，高闕道 19.5%，雞鹿塞道 15.1%；亦呈東多西少傾斜狀況（見表八）。

巧合的是，兩表各分項數據相差，均在 1 個百分點上下；若繪成曲線，則兩者幾乎重疊，說明了中古時期陰山戰爭係以白道作戰線為主，也旁證了白道為中古時期陰山第一軍道的事實。〔註 21〕

在前述四條陰山道中，以由呼延谷北上，沿昆都崙河兩側山壁而行的稒陽道開闢與形成最早，是先秦時期蒙古草原與黃河流域之間聯繫及交流最重要的管道；〔註 22〕也是《太平寰宇記》所載，周、秦、漢、魏以來，中國大軍出師北伐「中道」之所至。〔註 23〕筆者以為，早期稒陽道之所以重要，應與匈奴人之崛起及農業民族在秦漢之際積極向北疆發展有關。吾人由《史記‧匈奴列傳》對先秦時期匈奴活動之記載，可知從陰山一帶的河套、土默川平原，到黃河南岸的鄂爾多斯高原北半部地區，本是匈奴興起與游牧之地。〔註 24〕後來因為受到農業民族的壓迫，才遷至漠北，其行政中心即是漢史所稱之「龍城」或「龍城」。〔註 25〕

〔註 21〕嚴耕望即認為白道是中古時期北塞軍道中之最顯名者．，見 xx rypd 《唐代交通圖考》，第一卷，篇九，〈天德軍東取諾真水汶通雲中單于府道〉，頁 285。

〔註 22〕王文楚《古代交通地理叢考》，北京：中華書局，1996 年 7 月，頁 24～25。

〔註 23〕《太平寰宇記》，冊一，卷四十九，〈河東道十〉，雲中縣條，頁 401。引隋代《冀州圖》云：「入塞三道，自周、秦、漢、魏以來，前後出師北伐唯有三道。其中道正北發太原，經鴈門（今山西代縣）、馬邑（今山西朔縣）、雲中（今內蒙托克托東北古城），出五原塞，直向龍城，即匈奴單于十月大會祭天之所也。一道東北發，向中山，經北平、漁陽，向白檀、遼西，歷平岡，出盧龍塞，直向匈奴左地，即左賢王所理之處。一道西北發，自隴西、武威、張掖、酒泉、燉（敦）煌，歷伊吾塞匈奴右地，即右賢王所理之處。」五原塞，即在稒陽道南口附近。

〔註 24〕《史記》，卷一百一十，〈匈奴列傳第五十〉，頁 2881～86 及林幹《匈奴通史》，北京：人民出版社，1986 年 8 月，頁 34。

〔註 25〕《史記》作「龍城」（見卷一百一十，〈匈奴列傳第五十〉，頁 2892）．，《漢書》作「龍城」（見卷九十四下，〈匈奴傳第六十四下〉，頁 3752）。依前注《太平寰宇記》所載：「中道……出五原塞，直向龍城」，可知龍城應在陰山北．，但《史記‧匈奴列傳》（頁 2906）載：「（元光六年前 129）衛青出上谷，至龍城……」，該地又似在陰山東。前引林幹《匈奴通史》（頁 33～34）認為，衛青所出之龍城，應在今內蒙東、西烏珠穆沁旗附近（今內蒙古東部），但未敢確定是否即匈奴每年五月大會（蹛林）之處，但也認為匈奴單于庭可能在今

　　陰山之上，有許多斷層，經來自蒙古高原流水之常年沖蝕，裂開缺口，成為縱谷。沿著這些縱谷蜿蜒而行，就是古時候通過陰山的天然徑路，這也是前述四道形成的原因。〔註 26〕戰國至秦，陰山地區漸為農業民族所佔，匈奴被迫退至陰山以北，但仍經常南下劫掠，農業民族則沿陰山築城防禦，陰山地區乃成農牧兩大勢力交會之所。秦朝時候，中國與匈奴的關係就十分緊張，秦始皇為因應對匈奴作戰需求，就曾「塹山堙谷」，修建了一條由距咸陽以北不遠的雲陽縣（今陝西淳化北）甘泉山，一直通到九原（今內蒙包頭市西）的「直道」，〔註 27〕作為支援北邊作戰的交通線。秦「直道」路線，概如圖 18 示意。〔註 28〕

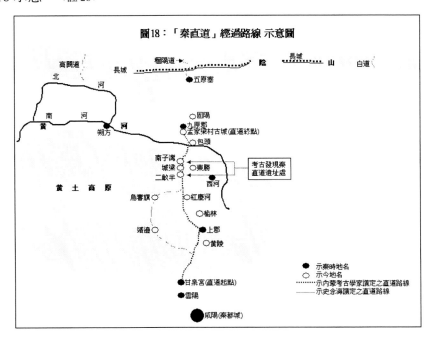

圖18：「秦直道」經過路線 示意圖

外蒙烏蘭巴托附近。馬長壽《北狄與匈奴》（北京：三聯書局，1962 年，頁 23～25）載，龍城在今外蒙鄂爾渾河東側和碩柴達木湖附近，蹛林水即湖西之今塔米爾河。因此筆者以為，所謂龍城，應指匈奴之行政中心單于庭所在地而言，似乎是可以移動的；故可能出現不同時期，不同位置之狀況。又，有關匈奴單于庭及龍城位置，亦可參黃文弼〈前漢匈奴單于建庭考〉，收入《匈奴史論文選集 1919～1979 年》，出版不詳，頁 88。

〔註 26〕同注 22。

〔註 27〕《史記》，卷六，〈秦始皇本紀第六〉，頁 256。及卷一百一十，〈匈奴列傳第五十〉，頁 2886～7。

〔註 28〕本圖參考：梁冰《鄂爾多斯歷史管窺》，呼和浩特：內蒙古大學出版社，1989 年 8 月，頁 18～19 之間插圖；及前引王文楚《古代交通地理叢考》，頁 26。

　　圖 18 中，紅慶河南段分東西兩道，經由靖邊、烏審旗者，爲地理學家史念海實地勘察之「直道」路線。〔註29〕

　　「直道」無疑是秦時長安通陰山地區的交通大動脈。其後，匈奴乘中原楚漢相爭佔領河南地，吾人由漢文帝時匈奴候騎一度到達甘泉山，及漢朝置大軍於長安附近以備胡（見表一：戰例 9、10）之狀況判斷，當時「直道」可能已被迫封閉。但漢武帝元封元年（前 110）北巡，「行自雲陽，北歷上郡、西河、五原，出長城，北登單于台，至朔方，臨北河……」，〔註30〕及司馬遷之「行觀蒙恬所爲」至北邊，〔註31〕均取「直道」；可見「直道」在漢武帝略取河南地之後，再度開放，又成爲京師通陰山方面的主要交通線。

　　「直道」之終點，約在今包頭市西約 50 公里昆都崙溝西岸的孟家梁村古城附近，其北正接稒陽道以出陰山。根據近年內蒙古考古工作者在內蒙東勝以西之城梁、南子灣、二頃半、紅慶河一帶，所發現的遺跡顯示：「直道」的路基一般寬約 50～60 米，可並排行駛 10～12 輛大卡車；其最寬處，甚至還可以當成現代中型飛機的起降跑道。沿途支線星羅棋布，其寬度亦在並行 2～4 輛大卡車之間。有了這條「直道」，秦朝的騎兵大軍就可以直接從京師儘快趕到居陰山「中央位置」的稒陽以南地區，支援邊防軍隊對匈奴之作戰。〔註32〕筆者認爲，在二千多年以前，能修築這樣具有現代「高速公路」水準的馳道，是非常了不起的事情。

　　吾人由上述「直道」的位置，大致也可以看出秦朝在陰山國防線的重心，是置於稒陽道方面。而觀察漢武帝北巡、司馬遷自北邊歸，皆經由「直道」，及第二章第七節表七、八之稒陽道作戰次數相關數據，西漢時期亦與白道概等，顯示當時稒陽道在軍事上的地位，當與白道不相上下。

　　但表八數據又顯示，東漢以後白道附近漸成陰山發生戰爭次數最多之地區，而經過稒陽道者，則明顯減少；此一現象，又說明東漢以後陰山地區的

〔註29〕史念海〈秦始皇直道遺跡的探索〉，收入《陝西師大學報》，1975 年 3 月。

〔註30〕《漢書》，卷六，〈武帝紀第六〉，頁 189；又，同書卷十二，〈孝武本紀第十二〉，頁 472～73。亦載：「……乃遂北巡朔方。勒兵十餘萬，還祭黃帝冢橋山……」。橋山在今陝西延安市南 160 公里之黃陵縣北，黃帝陵即在橋山之巔，「直道」經其附近。「單于台」在今內蒙五原縣北狼山下，遺跡尚存，見張郁〈漢朔方郡河外五城〉，收入《內蒙古文物考古》，呼和浩特：1997 年 2 月，頁 88。

〔註31〕《史記》，卷八十八，〈蒙恬列傳第二十八〉，頁 2570。

〔註32〕王崇煥《中國古代交通》，台北：台灣商務印書館，民 82 年 10 月，頁 14；及前引梁冰《鄂爾多斯歷史管窺》，頁 18。

地緣戰略重心，已由稒陽轉移到了白道。至於稒陽道以西的雞鹿塞與高闕兩道，雖也是其名屢見於兩漢史籍的陰山通道，但因高闕道過於偏西，至中原迂迴路遠；雞鹿塞道，山河緊靠，並受南、北兩河及河套地區縱橫河渠限制，除河水結冰季節外，餘均不利機動作戰。因此，兩道被戰爭所用機會不多，其在戰略上的價值自然不及稒陽道重要，當然更難與白道相比。惟值得注意者，至唐開「參天可汗道」後，中原通漠北之主道轉經河套地區，高闕與雞鹿塞道地位因而提升，其戰略上的重要性雖仍不如白道，但已與稒陽道相當。

　　白道之名，首見於北魏酈道元《水經注》：「芒干水又西南，逕白道南谷口有城」，[註33] 及稍後《魏書·太宗紀》：「（泰常四年，419）冬十有二月癸亥，（拓跋嗣）西巡，至雲中，踰白道，北獵野馬於辱孤山」[註34] 之記載，自此以後，白道即常出現於史冊。其實在西漢時期，雖無白道之名，惟其地實際上已是漢匈經常衝突之地，甚多漢匈相爭的重大事件，都經過此地而進行（見表一：戰例 10、11、18、21、22、27、33 等）。

　　不過，吾人由「直道」修築之位置與意義看來，秦時稒陽道之地位顯較白道重要；但表八的數據也顯示，白道在西漢時期已與稒陽地位相當，而自東漢時期開始，即逐漸取代稒陽道，成爲中古時期陰山第一軍道。探究白道能夠發展成爲中古時期陰山最重要軍道之原因，論者多有將道上有水源列爲第一條件者，這可能是受酈道元影響。[註35] 酈氏在《水經注·河水注》芒干水條中曰：

> ……其水又西南入芒干水。芒干水又西南，逕白道南谷口。有城在右，縈帶長城，背止面澤，謂之白道城。自城北出，有高阪，謂之白道嶺。沿路惟土穴出泉，挹之不絕。余每讀琴操見琴愼相和雅歌錄云飲馬長城窟，及其跋涉斯途，遠懷古事，始知信矣，非虛言也。
> [註36]

大軍作戰，人馬飲水爲維持戰力之最重要條件，進出漠地前後尤然。白道之

[註33]　《水經注》，冊三，卷三，〈河水〉，芒干水條，頁 9～10。
[註34]　《魏書》，卷三，〈太宗紀第三〉，頁 60。
[註35]　古今論白道者，大致均以《水經注》所載爲本。如清人顧祖禹在其《讀史方輿紀要》中所曰：「白道嶺上土穴出泉，所謂飲馬長城窟者也」景象（見卷四十四，〈山西六〉，白道條）；及今人嚴耕望在其《唐代交通圖考》中所言白道「沿途土穴出泉，利於飲馬，故爲兵家所特重也」（見第一卷，篇九，〈天德軍東取諾眞水汊通雲中單于府道〉，頁 285）等。
[註36]　同注 33。

上，水源充沛，除河谷之水外，更有泉水可就地取用。酈氏客觀地陳述了白道之上有「方便水源」之事實，並發「飲馬長城窟」之思古幽情，並無謬處。但白道陡峻難行處僅約十餘公里，大軍似無中途補給飲水之急迫性，若僅據此即論定白道之陰山第一軍道地位，則理由似嫌薄弱。

此外，在陰山其他各道中，或無白道「土穴出泉」，可就地飲馬之「方便水源」，然在山道長度與白道概等、且均下臨河谷之相同條件下，料對飲水就地取用恐亦無太大急迫性與困難度；故就陰山四道水源對大軍作戰影響之觀點言，可謂甚微與概等。筆者認為，真正使白道成為中古時期陰山第一軍道的因素，應是白道能「通方軌」之地形條件，與地緣上有利爾後作戰發展兩者。析論如下：

一、能通方軌

「方軌」者，指兩車並行寬度之道路也，為大軍作戰機動空間之所賴。始見於《史記·蘇秦列傳》所載：「徑乎亢父之險，車不得方軌，騎不得比行，百人守險，千人不敢過也。」〔註37〕因此，白道在軍事上的重要價值，也應與其「通方軌」之道路條件有關。《太平寰宇記》引〈冀州圖〉曰：

> 雲中周圍十六里，北去陰山八十里，南去通漠長城百里，即白道川也。南北遠處三百里，近處百里，東西五百里，至良沃沙土而黑，省功多獲，每至七月乃熱。白道川當原陽鎮北，欲至山上，當路有千餘步地，土白如石灰色，遙去百里即見之，即是陰山路也。從此以西及紫河（今渾河）以東，當陰山北者，惟此道通方軌，自外道皆小……。〔註38〕

白道之得名，就是因為白道嶺上的數百公尺明顯石灰石阪塊，使該段道路遠望色白的關係。而所曰「通方軌」，則正是大軍正規作戰時，車兵與輜重機動所必具之交通與空間條件。根據上述記載，在通陰山以北的各道中，僅有白道能「通方軌」，故如漢武帝元狩四年（前 119）衛青兵團使用「武剛車」之正規大軍作戰，即只能由此道出陰山（見表一：戰例 22）。而其餘山道「皆小」，意指稒陽、高闕、雞鹿塞各道之機動空間狹窄，均不足「通方軌」，故僅適合小部隊戰術行動使用，或有條件地容許輕裝大軍通過。因此，就大軍戰略機

〔註37〕《史記》，卷六十九，〈蘇秦列傳第九〉，頁 2258。
〔註38〕《太平寰宇記》，冊一，卷四十九，〈河東道十·雲州〉，頁 400～01。

動觀點言，白道較其他三道優越，應無爭議。

二、地緣條件有利爾後作戰發展

在陰山四道中，雞鹿塞道位於最西端，離中原最遠，概呈東西走向，穿越陰山。其西有今內蒙巴丹吉林沙漠，北為戈壁高原地帶，缺乏水草之地，不利進出與給養。其東距黃河不足 50 公里，夾於兩地障之間，無戰略縱深。其作戰線越黃河而東，為水道密佈之河套地區，不利大軍行動。向南雖有黃河沖積走廊，但也有今烏蘭布和沙漠阻礙，機動空間受限。由此渡黃河而東南，為今庫布齊沙漠、毛烏素沙漠及鄂爾多斯高原，地緣位置及地形特性，均極不利於大軍作戰與爾後發展。

高闕道緊鄰北河（今內蒙烏加河），河山之間，幾無大軍迴旋空間。由此北出陰山，即為漠南草原，固有利南方大軍以河套地區為「前進基地」，向北進出；但其補給線須通過黃河、鄂爾多斯高原、毛烏素沙漠，或經由大黑河流域橫向建立，道遠脆弱，形成向北作戰發展之限制因素。而北方大軍，雖亦能以漠南草原作為駐牧與整補之地，向南進出，但由高闕越陰山南下之後，即為河套地區，因山河緊鄰，溝渠縱橫，不利其騎兵作戰。若再由此向南發展，則須再渡黃（南）河，越庫布齊沙漠、毛烏素沙漠及鄂爾多斯高原地區，地形困難，不利作戰線之建立與維持。若向東發展，則進入稒陽道與白道作戰線範圍，迂迴路遠，不如直接由兩道而南便利。

稒陽道北通漠南草原，南臨廣大黃河平原，為跨地障作戰之有利地形；稍對南方有利，如本章第二、三節之分析。但因地緣關係，南方大軍向北作戰之補給線，及北方大軍向南推進之作戰線，不是經過黃河、鄂爾多斯高原、毛烏素沙漠，就是須向東迂迴，併入白道作戰線，其不利作戰發展之狀況概如高闕道，惟程度較輕微（以上各道相關地形位置，參閱圖 1、2）。

白道周邊之地形環境，概同稒陽道；惟其作戰線正對黃河截彎南流處，可直通中原，其間無明顯地障，作戰發展條件較稒陽道優越。白道以南的大黑河平原，地形開闊，機動空間大，利於騎兵及正規大兵團作戰。若南方大軍以此為「前進基地」，則可經河東、河北地區建立多條補給線，並因居北邊「中央位置」，亦最能兼顧對東（燕山方面）、西（河套方面）、北（大漠方面）之作戰，有內線用兵之利。

北方大軍方面，由此向南進出，亦可經過蒙古高原前緣山地，到達晉北

之線，對「農業優勢區」門戶的桑乾河流域，有高屋建瓴之勢。若再南下，則右翼可在黃河與管涔山「縱走廊」〔註39〕依托下，由汾水流域進入關隴地區，或沿桑乾水河谷而東，到達山東、河東地區。北方大軍使用這條作戰線南下，距離中原核心地區最近，態勢最自然，對南方大軍支援稒陽道以西方面補給線威脅最大，亦有利其作戰發展，故為北方大軍使用頻率最高之作戰線（北方大軍出白道假想作戰線，概如圖 19 示意）。而在實戰中，中古時期北方大軍通過陰山而南下作戰之次數共 49 次，其中白道就佔 20 次，為四軍道總次數之 40.82%，也說明了這個事實（見表八）。

又觀察中古時期陰山戰爭發現，白道取代稒陽道成為中古時期陰山第一軍道之發展過程，其「時間點」（timing），應起自漢初匈奴冒頓單于將其主力正對代與雲中方向，使白道作戰線開始成為雙方用兵之重心。其後，南匈奴南下附漢、鮮卑崛起、北魏建國、東突厥入塞等重要歷史事件，亦大都在白道周邊進行；吾人或許可以說，白道之所以成為中古時期陰山第一軍道，應是歷史發展大框架下，地緣條件與戰略環境互動的必然產物。

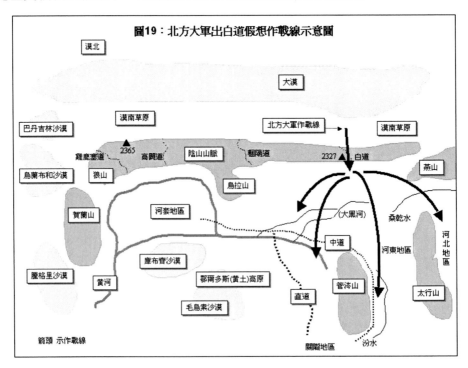

圖19：北方大軍出白道假想作戰線示意圖

〔註39〕筆者按：大軍概沿山脈走向平行機動時，該山脈即是「縱走廊」，反之則為「橫走廊」；就接敵運動言，前者可作翼側之依托，較為有利。

第六節　白道位置考

　　陰山爲一「戰略性地障」，已如前述；白道則是自然形成於陰山陡峻深壑中的一條曲折蜿蜒縱貫山道，地形險要，因能「通方軌」，而具正規大軍「跨地障」作戰功能，故成爲中古時期陰山最重要之軍道，甚多重要戰爭，因此經由此地、或在其附近進行。白道之位置，概略在今內蒙呼和浩特市與武川縣之間，全長約 43 公里，但眞正稱爲「古白道」險峻隘路則僅有 13 公里。前文所引《太平寰宇記》中之「陰山路」，即是白道。

　　白道概分平地與山地兩個路段。其平地路段，大致與今內蒙「呼武公路」（呼和浩特至武川間公路）重疊，而翻越陰山部分則在公路之西，概沿白道中溪水（今烏素圖河）而行，惟此險道現已因公路之開通而廢棄湮沒。有關古白道位置、所經路線及附近地形狀況，概如圖 20 示意。

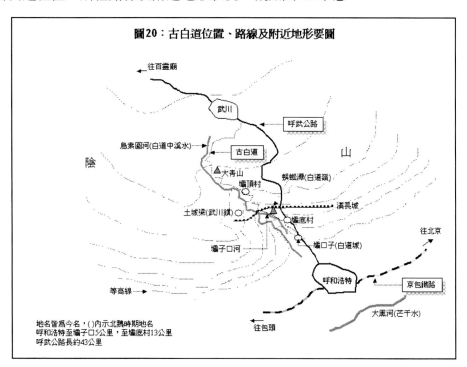

圖20：古白道位置、路線及附近地形要圖

　　北魏時期的地理學家酈道元曾到此地遊歷，故其對今呼和浩特市北部一帶的見聞記載，遂成吾人研究中古時期白道位置與相關地形、地貌之珍貴第一手史料。酈氏在《水經注‧河水》芒干水條中又云：

　　……顧瞻左右山椒之上，有城垣若禿基焉，沿溪互嶺，東西無極，

擬趙武靈王之所築也。芒干水又西南，逕雲中城北，白道中溪水注
之。水發源武川北塞中，其水南流，逕武川鎮城。〔註40〕

不過，酈氏對白道之記述過於概括與簡略，故筆者又根據考古發現與實地所
見，作進一步探討。按前節所引《水經注》中之白道城，大約在今呼和浩特
市北 5 公里之壩口子村附近。據考古資料，該城東西寬約 360 米，南北長約
550 米；由城牆夯土層中所發現之大量漢代繩紋陶片、板瓦、筒瓦殘片，及城
內出土之北魏時期石刻佛像推斷，這座古城應起建於漢代，並與北魏有較密
切的關係。〔註41〕白道城距白道嶺（今內蒙武川縣南端與呼市交界之蜈蚣壩
一帶）約 8 公里，出白道城沿今壩口子河峽谷而上即是今沙爾墩口子，西側
台地有漢城遺址。到達今壩底村後，地勢漸高，再由此北行 3 公里，即是附
近最高點的白道嶺（標高 2327 米）。此路段全部經由峽谷，雖曰有路可通，
但全是所謂「一夫當關、萬夫莫敵」之險要地形。再往北行，即至今壩頂村，
經此西行約 1 公里，到達壩口子河匯入烏素圖河處後，地形開始下降，道路
又進入峽谷深澗之中。再沿烏素圖河北行而上，坡度漸緩，在今武川縣治所
（可可以力更鎮）之南，與呼武公路會合，正式進入蒙古草原，並由此通向
大漠。〔註42〕

北魏時期，基於軍事與政治需要，曾於白道之上設武川鎮，是為「六鎮」
之一，其故址初步判定在今呼和浩特市西北 25 公里之蜈蚣壩西梁上（現屬內
蒙武川縣烏蘭不浪，土城梁），鎮分南北兩城，南城周長約 450 米，北城較大，
遺跡分布面積約 12 萬平方米，是中古時期在白道上的要點。〔註43〕又，酈氏
在《水經注》中所說的芒干水，即是今日之大黑河，而白道中溪水正是大黑

〔註40〕《水經注》，卷三，〈河水注〉，芒干水條，頁 10～11。惟《通鑑》，卷一百五
十，〈梁紀六〉，武帝普通五年（524）五月條，頁 4678，載胡注：「武川鎮北
有白道谷，谷口有白道城」，恐錯植南北。又，有關白道之地形特性與地理價
值，日人前田正名〈白道の重要性〉（收入《平城の歷史地理學的研究》，東
京：風間書局，1979〔昭和 54〕，頁 145～50），亦有論述，但其資料皆引自
《魏書・食貨志》、《隋書・地理志》、《水經注》、《讀史方輿紀要》、《冀州圖》
等漢文書籍。

〔註41〕汪宇平〈呼和浩特市北部地區與白道有關的文物古蹟〉，刊於《內蒙古文教考
古》，第三期，內蒙古自治區考古學會及內蒙古自治區文物工作，呼和浩特：
1984 年 3 月，頁 61～62。

〔註42〕前引汪宇平〈呼和浩特市北部地區與白道有關的文物古蹟〉，頁 63～64。

〔註43〕張郁〈呼和浩特地區的古戰場〉，刊於《內蒙古文物考古》，內蒙古自治區文
化廳及內蒙古自治區考古博物館學會，呼和浩特：1996 年 1～2 期，頁 49。

河的支流烏素圖河。至於酈氏所言之「顧瞻左右山椒之上，有城垣若秃基焉，沿溪亙嶺，東西無極，擬趙武靈王之所築也」，則是其對附近所見長城位置與景象之描述。今日在白道嶺北約 2 公里的武川縣南境大青山（今烏蘭不浪）上，從蜈蚣壩的西端，到呼武公路東端，還留有一道長約 6 公里之低平土壟，間或有些烽台殘跡，內蒙古考古專家認爲這正是當時酈氏在白道上所見的長城遺址。這段長城，酈氏在《水經注》中說是「擬趙武靈王之所築」，語氣並不肯定，而根據考古學家由土壟沿線常見之漢代板瓦、筒瓦及陶片推斷，已證明是一道漢長城。〔註44〕

〔註44〕前引汪宇平〈呼和浩特市北部地區與白道有關的文物古蹟〉，頁 62～63。筆者按，趙、秦長城在今呼市北郊；見史念海〈黃河中游戰國及秦時諸長城遺跡探索〉，刊於《陝西師大學報》（哲學社會科學版），西安：禮泉印刷廠，1978 年，第 2 期（總第 19 期）。

第四章　游牧民族發動劫掠作戰原因及其對歷史發展之影響

　　觀察中古時期陰山地區之武裝衝突事件,「劫掠作戰」似乎是北方草原游牧民族對南方主動發起攻擊時,最常見之行為模式。但此等行為模式,一方面由於史料記載過於簡略,通常僅以寥寥數字帶過,無法分析運用;另一方面,也是因為其絕大部分屬於對邊境地區戰鬥層次的廣正面、單方面、突襲性、零星式之臨機小規模攻擊事件,尚且不足稱之為戰爭,故多未納入本文第二章各節所列之「中古時期陰山地區戰爭表」中。〔註1〕但這些不足構成戰爭條件之劫掠行為,卻可能是造成中古時期北邊不同生活型態民族間互動與衝突的源頭,對其本身及北中國戰略環境之變動及歷史發展,均有一定程度影響。

第一節　北方游牧民族南下作戰之行為特質

　　吾人觀察北方草原游牧民族對南方主動發起之戰爭或攻擊事件,可以瞭解因其受到特殊環境背景與動機影響,有一套與農業民族迥然不同的戰爭觀念與準則,指導其作戰行為。因其概以「劫掠」為主要目的,因此筆者姑稱此種作戰行動為「劫掠模式」。這種作戰模式的最大特色,就是行動飄忽、無固定目標、打了就走,基本上屬於游擊戰法的一種。

〔註1〕　筆者按,「戰爭」應是一種國與國(包括集團國)之間,大軍與大軍之間的武裝衝突,故若層次過低,兵力過小,或雙方力量不成對比,或僅是單方面的武力行動,對發動事件的一方而言,因動用武力,或可算是作戰或暴力行為,但卻不能稱其為「戰爭」。

　　惟此等戰法，因具有高度機動性，常令防者疲於應付，故劫掠者有時雖以小兵力行之，卻能收到甚大擾亂與震撼效果。中古時期北方草原游牧民族南下劫掠農業民族地區的事件，不絕於史，但不論匈奴、鮮卑、柔然、突厥或回紇，基本上似乎都維持著這樣的作戰模式。有些事件，大部分似乎並不構成戰爭要件，而只能視為一種單方面、小規模的游擊式武裝行動，所以無法納入第二章「中古時期陰山地區戰爭表」中；但這種大部分並不構成戰爭要件的武裝行為，因牽動南方激烈反應，故對歷史發展之影響，是既深且遠的。關於北方草原游牧民族劫掠之問題，筆者先試以漢武帝時期匈奴攻擊漢邊的事件為例，說明「劫掠模式」作戰之特質。從武帝元光二年（前133）「馬邑事件」（見表一：戰例13）之後，到後元二年（前87）漢武帝駕崩為止的四十六年中，匈奴大約對漢邊發動了17次劫掠作戰；其狀況概如下表所列：

表九：漢武帝時期匈奴掠邊事件一覽表

時　間	季　節	內　容	發生地區	備　註
1.元光二年（前133）「馬邑事件」後。	未載，可能為持續行為。	匈奴絕和親，攻當路塞，往往入盜於漢邊，不可勝數。	沿邊之線。	《史記》，卷一百十，〈匈奴列傳第五十〉，頁2905。
2.元光六年（前129）。	秋季或稍早（可能）。〔註2〕	匈奴入上谷（治所在今河北懷來東南），殺略吏民。	上谷一帶。	《漢書》，卷六，〈武帝紀第六〉，頁165。又，本事件中有吏被殺，判斷漢軍曾抵抗，故不屬單方面之武力行為，以下同此原則認定是否為劫掠作戰。
3.元光六年（前129）。	冬季。	匈奴數入盜邊，漁陽（治所在今北京密雲）尤甚。漢使將軍韓安國屯漁陽備胡。	沿邊之線，以漁陽為重點。	《史記》，卷一百十，〈匈奴列傳第五十〉，頁2906。

〔註2〕　本次匈奴劫掠，未見載於《史記》，但該書卷一百十，〈匈奴列傳第五十〉，頁2906有曰：「自馬邑軍後五年之秋，漢使四將軍各萬騎擊胡關市下。將軍衛青出上谷……」。此與《漢書》，卷六，〈武帝紀第六〉，頁165所載：「匈奴入上谷，殺略吏民。遣車騎將軍衛青出上谷……」當屬同一事件，故在時間上，應為《史記》所載之秋季或稍早。

4.元朔元年（前128）。	冬季。	匈奴二萬騎入漢，殺遼西（治所在今遼寧朝陽東）太守，略二千餘人。又入敗漁陽太守軍千餘人，圍漢將軍（韓）安國，安國時千餘騎亦且盡，會燕救至，匈奴乃去。匈奴又入雁門（治所在今山西左云西），殺略千餘人。	今冀北至晉北一帶。	出處同上。惟《漢書》，卷六，〈武帝紀第六〉，頁169載：「（元年）秋，匈奴入遼西，殺太守。入漁陽、雁門……」；頁170又載：「（二年）匈奴入上谷、漁陽，殺略吏民千餘人。」與《史記》所載有異，今從司馬遷。
5.元朔三年（前126）。	夏季。	匈奴數萬騎入殺代郡（治所在今河北蔚縣）太守恭友，略千餘人	代郡一帶。	《史記》，卷一百一十，〈匈奴列傳第五十〉，頁2907。
6.元朔三年（前126）。	秋季。	匈奴入鴈門，殺略千餘人。	鴈門一帶。	出處同上。
7.元朔四年（前125）。	夏季。	匈奴又入代郡、定襄（治所在今內蒙和林格爾西北）、上郡（治所在今陝西施膚），各三萬騎，殺略數千人。	代郡、定襄及上郡之線（冀北、大黑河流域至陝北一帶）。	出處同上。
8.元朔四年（前125）。	秋季（可能，因其事在匈奴入代郡、定襄、上郡之後）。	匈奴右賢王怨漢之奪河南地而築朔方（治所在今內蒙烏特拉前旗），數為寇，盜邊及入河南，侵擾朔方。殺略吏民甚眾。	今河套地區至鄂爾多斯高原一帶。	出處同上。
9.元朔五年（前124）。	秋季。〔註3〕	匈奴萬騎入殺代郡都尉朱英，略千餘人	代郡一帶。	出處同上。
10.元狩元年（前122）。	五月（春季）。	匈奴騎數萬入上谷，殺數百人。	上谷一帶。	《史記》，卷一百一十，〈匈奴列傳第五十〉，頁2908。
11.元狩二年（前121）。	夏季。	匈奴入代郡、鴈門，殺略數百人。	今冀北至晉北之線地區。	出處同上。時漢驃騎將軍霍去病正率騎數萬出隴西（治所在今甘肅臨洮）、北地（治所在今陝西慶陽北）二千里，以擊

〔註3〕　本事件應爲匈奴右賢王侵擾朔方之次年，但《通鑑》將兩事均列入武帝元朔五年條中（見《通鑑》，卷十九，〈漢紀十一〉，武帝元朔五年春條，頁616；及同年秋條，頁618），可能與當時漢曆以秋十月爲歲首有關。

				匈奴。匈奴適時向東出擊，已有「你到我家來，我到你家去」游擊戰法神髓。
12. 元狩三年（前 120）。	秋季。	匈奴入右北平（治所在今內蒙赤峰南）、定襄各數萬騎，殺略千餘人而去。	右北平與定襄一帶地區。	《史記》，卷一百一十，〈匈奴列傳第五十〉，頁 2909～10。
13. 太初三年（前 102）。	秋季。	匈奴大入定襄、雲中（治所在今內蒙托克托東北），殺略數千人，敗數二千石而去，行破壞光祿所築城、列亭、障。又使右賢王入酒泉（治所在今甘肅酒泉）、張掖（治所在今甘肅張掖北），略數千人。	今內蒙和林格爾、托克托、包頭一帶，至河西走廊之線地區。	《史記》，卷一百一十，〈匈奴列傳第五十〉，頁 2916～17。
14. 天漢三年（前 98）。	秋季。	匈奴入鴈門，太守坐畏愞棄市。	鴈門一帶。	《漢書》，卷六，〈武帝紀第六〉，頁 204。
15. 征和二年（前 91）。	九月（秋季）。	匈奴入上谷、五原（治所在今內蒙包頭西），殺掠吏民。	今包頭一帶。	《漢書》，卷六，〈武帝紀第六〉，頁 209；及卷九十四上，〈匈奴傳第六十四上〉，頁 3778。
16. 征和三年（前 90）。	正月（冬季）。	匈奴復入五原、酒泉，殺兩部都尉。	今包頭與酒泉一帶。	出處同上。
17. 後元二年（前 87）。	秋季。	匈奴入代，殺都尉。	代郡一帶。	《漢書》，卷九十四上，〈匈奴傳第六十四上〉，頁 3782。筆者按，武帝崩於是年正月。

以上 17 次匈奴攻擊漢邊的劫掠事件中，至少有第 1、2、3、6、7、8、10、11、12、13、15 等 11 次、佔總劫掠次數的 64.7%，判斷爲匈奴單方面之武力行爲。這 11 次事件，均未見漢軍防禦戰鬥或反擊之記錄，似乎不能構成戰爭條件。筆者根據這 17 次匈奴攻擊漢邊事件之狀況，大致歸納匈奴劫掠作戰之特質如下：

一、在作戰季節上

匈奴發動攻擊漢邊之季節，除第 1 次「往往入盜於漢邊，不可勝數」無考外，在其餘的 16 次中，各季節之次數分別爲：春季 1 次，最少，佔 6.25%；

夏季 3 次，次少，佔 18.75%；秋季 9 次，最多，佔 56.25；冬季 3 次，與夏季同，佔 18.75%。如以秋冬兩季合計，則共 12 次，佔總次數的 75%；故秋冬兩季應是匈奴劫掠農業社會的主要季節。

二、在作戰地區上

劫掠作戰之地區，遍及整個北邊，包括冀北、晉北、大黑河流域、鄂爾多斯高原、陝北、河套與河西等地區。其中並有 10 次（第 1、3、4、7、8、11、12、13、15、16）係在數地同時進行，顯示其劫掠行動一般並無固定目標，亦無攻擊重點。

三、在作戰目的上

似乎均以「入」而「殺掠」為固定模式，未見其有滯留一地，或佔領農業社會土地不去之記載，顯示其作戰目的是以劫掠物資與人口為主。

四、在行動指導上

兵力最多時為數萬騎，其行動似以避開漢軍強點，不與漢軍膠著或決戰為原則。戰術上採機動、淺入與奇襲，戰法上則講求見好就收與快速脫離。

為進一步驗證中古時期北方草原游牧民族南下劫掠作戰之特質，筆者再以不同時期漠北另一強族柔然之劫掠行為為例，與匈奴之劫掠作一比較。柔然之興亡，大致與北魏共始終，筆者統計其對北魏邊境之主動攻擊事件，約有二十五次，概如下表所列：

表十：北魏時期柔然掠邊事件一覽表

時　　間	季　　節	內　　容	發生地區	備　　註
1.（北魏）道武帝皇始三年（398）	不詳	柔然屢犯塞（道武帝以尚書右中兵郎李先討之）。	沿邊地區（判斷）。	《魏書》，卷三十三，〈列傳第二十一・李先傳〉，頁789。
2.道武帝天興五年（402）	十二月（冬季）	柔然可汗社崙聞道武帝征後秦姚興，遂犯塞，入參合陂，南至豺山及善無北澤。魏遣常山王拓跋遵以萬騎追之，不及。	白道，雲中至平城之線。	《魏書》，卷二，〈太祖紀第二〉，頁40；及卷一百三，〈列傳第九十一・蠕蠕傳〉，頁2091。
3.道武帝天賜三年（406）	夏季	柔然社崙寇邊。	不詳。	《魏書》，卷一百三，〈列傳第九十一・蠕蠕傳〉，頁2091。

4.明元帝永興元年（409）	冬季	柔然犯塞。	不詳。	《魏書》，卷三，〈太宗紀第三〉，頁50；及卷一百三，〈列傳第九十一·蠕蠕傳〉，頁2091。
5.明元帝神瑞元年（414）	十二月（冬季）	柔然可汗大檀犯塞（明元帝親伐之）。	不詳。	《魏書》，卷三，〈太宗紀第三〉，頁54；及卷一百三，〈列傳第九十一·蠕蠕傳〉，頁2092。
6.明元帝泰常八年（423）	正月（冬季）	柔然犯塞（二月，北魏築長城於牛川之南，以備柔然）。	不詳。	《魏書》，卷三，〈太宗紀第三〉，頁63。
7.太武帝始光元年（424）	八月（秋季）	柔然大檀可汗聞魏明元帝崩，將六萬騎入雲中，殺掠吏民，攻拔盛樂宮。太武帝自將輕騎討之，三日二夜至雲中，柔然退去。	白道至雲中、盛樂地區。	《魏書》，卷四上，〈世祖紀第四上〉，頁69～70；及卷一百三，〈列傳第九十一·蠕蠕傳〉，頁2092。
8.太武帝神䴥元年（428）	八月（秋季）	大檀遣其子將萬餘騎入塞，殺掠邊人而走。	不詳。	《魏書》，卷四上，〈世祖紀第四上〉，頁74；及卷一百三，〈列傳第九十一·蠕蠕傳〉，頁2092～93。
9.太武帝太延二年（436）	十一月（冬季）〔註4〕	柔然絕和犯塞。	不詳。	《魏書》，卷一百三，〈列傳第九十一·蠕蠕傳〉，頁2294。
10.太武帝太延五年（439）。	九月（秋季）	柔然可汗吳提乘太武帝西伐北涼之際犯塞，至善無七介山（平城西），京邑大驚。後魏軍反擊，柔然退去。	平城以西之線。	《魏書》，卷四上，〈世祖紀第四上〉，頁90；及卷一百三，〈列傳第九十一·蠕蠕傳〉，頁2294。
11.文成帝和平五年（464）。	秋七月	柔然受羅布真可汗率部侵塞，為北鎮游軍擊退。	不詳。	《魏書》，卷五，〈高宗紀第五〉，頁122；及卷一百三，〈列傳第九十一·蠕蠕傳〉，頁2295。
12.獻文帝皇興四年（470）。	秋八月	柔然受羅布真可汗犯塞。	不詳。	《魏書》，卷六，〈顯祖紀第六〉，頁130；及卷一百三，〈列傳第九十一·蠕蠕傳〉，頁2295。

〔註4〕　《魏書》未載柔然犯塞之月份，《通鑑》則載為十一月事（卷一百二十三，〈宋紀五〉，文帝元嘉十三年十一月條，頁3864），從之。

13. 孝文帝延興二年（472）。	二月（春季）	柔然犯塞。	不詳。	《魏書》，卷七上，〈高祖紀第七上〉，頁 136。
14. 孝文帝延興二年（472）。	閏六月（夏季）	柔然寇敦煌，鎮將尉多侯擊走之。	敦煌一帶。	《魏書》，卷七上，〈高祖紀第七上〉，頁 137。
15. 孝文帝延興二年（472）。	冬十月	柔然犯塞，及於五原。	五原一帶。	出處同上。
16. 孝文帝延興三年（473）。	秋七月	柔然寇敦煌，鎮將樂洛生擊破之。	敦煌一帶。	《魏書》，卷七上，〈高祖紀第七上〉，頁 139。
17. 孝文帝延興三年（473）。	十二月（冬季）	柔然犯邊，柔玄鎮（今內蒙興和北）兩部敕勒叛應之。	柔玄一帶（判斷）。	《魏書》，卷七上，〈高祖紀第七上〉，頁 140。
18. 孝文帝延興四年（474）。	秋七月	柔然寇敦煌，鎮將尉多侯擊破之。	敦煌一帶。	出處同上。
19. 孝文帝太和三年（479）	十一月（冬季）	柔然十餘萬騎寇魏，至塞而還。	不詳。	《魏書》，卷七上，〈高祖紀第七上〉，頁 147。
20. 孝文帝太和九年（485）。	十二月（冬季）	柔然犯塞。	不詳。	《魏書》，卷七上，〈高祖紀第七上〉，頁 156。
21. 孝文帝太和十年（486）。	正月（冬季）	柔然犯塞。	不詳。	《魏書》，卷七下，〈高祖紀第七下〉，頁 156。
22. 孝文帝太和十年（486）。	十二月（冬季）	柔然犯塞。	不詳。	《魏書》，卷七下，〈高祖紀第七下〉，頁 161。
23. 孝文帝太和十一年（487）。	八月（秋季）	柔然犯塞。	不詳。	《魏書》，卷七下，〈高祖紀第七下〉，頁 162。
24. 宣武帝景明元年（500）。	秋七月	柔然犯塞。	不詳。	《魏書》，卷八，〈世宗紀第八〉，頁 194。
25. 宣武帝正始元年（504）。	九月（秋季）	柔然入寇沃野（今內蒙鳥特拉前旗境內）、懷朔（今內蒙包頭北）。魏遣源懷持節討之，懷至雲中，柔然退去。	沃野、懷朔一帶地區。	《魏書》，卷八，〈世宗紀第八〉，頁 198；及卷四十一，〈列傳第二十九‧源賀傳〉，附〈源懷傳〉，頁 927。

　　在以上 25 次柔然對北魏的掠邊攻擊事件中，除第一次季節不詳，可能是一種持續與累積之行為外，其餘的 24 次，均季節明確。其中：春季 1 次，最少，佔 4.2%；夏季 2 次，次少，佔 8.4%；秋季 10 次，次多，佔 41.6%；冬季 11 次，最多，佔 45.8%。若秋冬兩季合計，則一共 21 次，佔總劫掠次數的 87.5%，顯然其劫掠之重點時間和匈奴一樣，都是集中在秋冬兩季。柔然劫掠

所使用之兵力，最大時雖曾達「十萬騎」規模，但在戰術與戰法運用上，似仍以涵蓋整個北邊之廣正面機動奇襲、規避決戰、快速脫離爲主，故仍不改草原游牧民族傳統之劫掠作戰模式；這和數百年前匈奴進攻漢邊時的戰爭觀念與作戰準則比較，在本質上，可說並無明顯改變。

吾人從柔然歷數百年後，其劫掠作戰模式仍與匈奴概同之狀況似能看出，北方游牧民族劫掠作戰之本質，自有其形成與延續之因，根深柢固，並不容易改變；匈奴如此，柔然如此，突厥如此，甚至其後之契丹亦復如此。如《通鑑》後漢高祖天福十二年（947）正月條，記遼太宗入汴日：「趙延壽請給上國兵廩食，契丹主曰：『吾國無此法。』乃縱胡騎四出，以牧馬爲名，分番剽掠，謂之『打草穀』。」〔註5〕這種征戰不帶芻糧，而以抄掠供軍食之風，到了中古末期契丹興起之時，似乎尤盛於匈奴、柔然與突厥時期。至於造成北方草原民族這種戰爭特質的原因，筆者認爲應是受到草原生態環境與畜牧生活型態的影響，並與其特殊社會文化背景有關。

第二節　草原生態環境與游牧民族發動劫掠作戰之互動關係

在東亞，是以中華文化爲主；它的影響，曾廣被於東北方的高麗與日本，和南方的中南半島。可是直到近代，它對北方游牧社會文化發展的影響，卻不顯著。同樣的，這些北方游牧民族，雖然也曾在長城以南建立過朝代；但其文化，也未能對農業社會產生大的影響。說明這兩個世界的地理距離固然很近，惟文化距離卻是相隔頗遠。〔註6〕筆者以爲，這可能是受到彼此互動不良與大漠隔離，造成農業和游牧生活型態各異的緣故。有關彼此互動不良部分，筆者欲於第八章時再論，本節先探討中古時期中國北方草原游牧民族之生活型態對其劫掠作戰之影響問題。司馬遷之《史記》，是最早有系統描述北方游牧民族生活習性之正史，其〈匈奴列傳〉開宗明義載曰：

> 匈奴，其先祖夏后氏之苗裔也，曰淳維。……居於北蠻，隨畜牧而

〔註5〕《通鑑》，卷二百八十六，〈後漢紀一〉，高祖天福十二年正月條，頁9334～35。歐陽脩《新五代史》，卷七十二，〈四夷附傳第一〉，台北：藝文印書館據清乾隆武英殿刊本影印（冊28），頁433，亦載：「胡兵人馬不給糧草，日遣數千騎分出四野劫掠人民，號爲打草穀。」
〔註6〕扎奇斯欽《蒙古文化與社會》，台北：台灣商務印書館，民76年11，頁1。

　　轉移。其畜之所多則馬、牛、羊，其奇畜則橐駝、驢、贏、駃騠、
　　騊駼、驒騱。逐水草遷徙，毋城郭常處耕田之業，然亦各有分地。
　　毋文書，以言語爲約束。兒能騎羊，引弓射鳥鼠；少長則射狐兔，
　　用爲食。士力能毋弓，盡爲甲騎。其俗，寬則隨畜，因射獵禽獸爲
　　生業，急則人習戰攻以侵伐，其天性也。其長兵則弓矢，短兵則刀
　　鋋。利則進，不利則退，不羞遁走。自君王以下，咸食畜肉，衣其
　　皮革，被旃裘。〔註7〕

由這段記述，吾人大抵可以瞭解當時匈奴居漠北的畜牧與狩獵生活型態概
況。〔註8〕其後，鮮卑代匈奴而盛，柔然繼鮮卑而起，突厥滅柔然而強，迴紇
替突厥與薛延陀而興，〔註9〕陸續成爲中古時期漠北的主人。史書對這些草原
游牧國家之生活型態，有如下之記載：

　　一、東胡烏桓與鮮卑者，《後漢書・烏桓鮮卑列傳》載曰：
　　烏桓者，本東胡也……俗善騎射，弋獵禽獸爲事。隨水草放牧，居
　　無常處。以穹廬爲舍，東開向日，食肉飲酪……貴少而賤老……其
　　俗妻其後母……俗貴兵死……鮮卑者，亦東胡之支也……其言語習
　　俗與烏桓同。〔註10〕

　　二、柔然者，《南史・蠕蠕傳》載曰：
　　北狄種類實煩，蠕蠕爲族，蓋匈奴之別種也。魏自南遷，因擅其居
　　地。無城郭，隨水草畜牧，以穹廬居。〔註11〕

〔註7〕《史記》，卷一百十，〈匈奴列傳第五十〉，頁2879。
〔註8〕有關匈奴人畜牧與狩獵之生活型態，文崇一〈漢代匈奴人的社會組織與文化
　　　型態〉（收入《邊疆論文集》，台北：中華文化出版事業委員會，民42年12
　　　月）亦有專論。另除生活型態外，有關匈奴人之社會組織與政治制度狀況，
　　　可參謝劍〈匈奴社會組織的初步研究〉（收入《史語所集刊》40，台北：中研
　　　院，民58年1月）與〈匈奴政治制度的研究〉（收入《史語所集刊》41，台
　　　北：中研院，民58年6月）兩篇論文。前者包括：親族組織與政治制度的關
　　　係，氏族的內外部結構與繁衍，婚姻人口與家族類型等。後者主題爲「官制
　　　與政體」與「國家形式」兩大部分，其在「國家形式」中亦論及「領袖制度」
　　　（頁261～65），著眼於組織結構與體制特徵。
〔註9〕《舊唐書》，卷一百九十五，〈列傳第一百四十五・迴紇傳〉，頁5216，史臣曰：
　　　「自太宗平突厥，破延陀，而迴紇興焉」。
〔註10〕《後漢書》，卷九十，〈烏桓鮮卑列傳第八十〉，頁2979～80，2985。
〔註11〕《南史》，卷七十九，〈列傳第六十九・夷貊下〉，附〈蠕蠕傳〉，頁1986～87。
　　　又《北史》載：「冬則徙度漠南，夏則還居漠北」（見卷九十八，〈列傳第八十
　　　六・蠕蠕傳〉，頁3249）。《宋書》載：「無城郭，逐水草畜牧，以氈帳爲居，

三、突厥者,《隋書‧突厥傳》載曰:

> 其俗畜牧爲事,隨逐水草,不恒厥處。穹廬氈帳,被髮左袵,肉食飲酪,身衣裘褐,賤老貴壯……重兵死而恥病終,大抵與匈奴同。
> 〔註12〕

四、回紇者,《舊唐書‧迴紇傳》載曰:

> 迴紇,其先匈奴之裔也……無君長,居無恆所,隨水草流移,人性凶忍,善騎射貪婪尤甚,以寇抄爲生。〔註13〕

以上所載,說明了一個事實,那就是草原之上雖歷經千年歲月的政治權力興衰更替,但從匈奴到鮮卑、柔然、突厥、薛延陀、回紇,其居民之基本生活型態,似乎並無明顯變化,甚至可說完全相同。這種以逐水草而居的游牧生活,有一個共同的特點,那就是其一切社會、文化、經濟、政治與軍事活動,乃至於日常生活的食衣住行,均以畜牧爲核心,並視畜牧爲其生存與生計所賴之生命線,此與農業社會以土地爲財富之本的價值觀念完全不同。筆者認爲,這種以畜牧爲中心的生活形態,反映在作戰行爲上,似乎就是前節所述「劫掠模式」的形成原因之一。研究蒙古史之學者扎奇斯欽在《蒙古文化與社會》中,敘述草原游牧民族與家畜密不可分之關係時說:

> 馬、牛、羊、山羊,甚至駱駝的乳與肉,是他們的食糧。絨毛與皮革是他們衣著和穹帳的原料。馬是交通工具中最主要的一種。牠是游牧民族機動力的根源。馬使他們進可以攻,退可以走,保持民族力量的主要武器。牛和駱駝是運輸的工具,在沙漠地區的交通,更是惟駱駝是賴。游牧民族的財富,是以家畜的頭數來計算的。爲了財富的增加,必須要尋求更廣闊美好的牧場。遇有天災,還得驅家畜而遷徙。這種移動,在游牧社會裡,是不可避免的。因之,對牧場的爭奪,或對天災的躲避,都能構成游牧社會的不安,甚至戰爭

隨所遷徙」(見卷九十五,〈列傳第九十五‧索虜傳〉,附〈芮芮傳〉,頁2357)。亦均說明其游牧生活形態。惟筆者以南人看北族,角度或較不同,故引《南史》所載爲例。

〔註12〕《隋書》,卷八十四,〈列傳第四十九北狄‧突厥傳〉,頁1864。

〔註13〕《舊唐書》,卷一百九十五,〈列傳第一百四十五‧迴紇傳〉,頁5195。又,據《新唐書》,卷二百一十七上,〈列傳第一百四十二上‧回鶻傳上〉,頁6111載:「回紇,……其部落曰袁紇、薛延陀,……凡十有五種,皆散處磧北。」因此,薛延陀俗同回紇。又,有關其名稱,《舊唐書》、《通典‧邊防》作「迴紇」,《新唐書》、《通鑑》作「回紇」。

　　的因素。有時還會影響到農業社會的安危。〔註14〕

直到近代，蒙古地區人民靠畜牧爲生的生活形態似乎仍無顯著改變，所飼養之牲畜數量亦極龐大。〔註15〕判斷如純就生活基本需求言，在一般沒有特殊嚴重天災的情形下，古來游牧民族在大漠地區之生計應能自給自足。關於中古各時期北族所擁有之牲畜數量與生計狀況，雖無確切數據可參，但由《史記・匈奴列傳》載中行說對單于所曰：「匈奴人眾不能當漢之一郡，然所以強者，以衣食異，無仰於漢也」之狀況，〔註16〕旁證匈奴之所以人少而強，發展成爲草原帝國，其國力基礎應是建立在人民強悍與畜產豐富之上；故吾人或能推斷，當時匈奴應已擁有獨立自主之畜牧經濟條件。〔註17〕而吾人又由北魏道武帝拓跋珪於天興二年（399）奔襲高車之戰，一役即能虜得馬近四十萬匹，牛羊百餘萬頭（見表三：戰例26），亦可概略顯示漠北地區畜產之盛。

　　惟《史記・匈奴列傳》又曰：「匈奴好漢繪絮食物」，〔註18〕可見農業社會之衣食優於游牧民族自產者，而爲後者所喜愛，尤其在草原之上無法生產的穀物、絲綢、器械、農業加工品等日常生活物資，或貴族所需較奢侈之物品，更是仰賴農業社會供應；換言之，當時匈奴上下層所受漢族物質文化與精神文化的影響，恐很強烈。〔註19〕而游牧民族從農業社會獲得這些物資之管道與手段，不外互市、接受餽贈與掠奪三種；三者之間，應是並存且具有若干程度之互動關連性。這種互動關連性，筆者試以「白登之戰」後的漢匈

〔註14〕 前引扎奇斯欽《蒙古文化與社會》，頁4～5。筆者按，天災不但能構成游牧社會的不安，甚至戰爭的因素，有時還會影響到農業社會的安危。如北魏時期「六鎮之亂」的起因即是。

〔註15〕 按民國以後蒙古地區之牲畜數目：外蒙部分，根據其前總理喬巴山報告，1938年（不含唐努烏梁海）之牲畜總數爲25,115,000頭，平均每人擁有28.8頭家畜（包括馬、駱駝、牛、羊）。內蒙部分，根據1960年3月大陸內蒙自治區之官方報導，牲畜總數爲28,024,000頭。見烏占坤〈邊疆經濟概況〉，收入《邊疆論文集》（第二冊），台北：國防研究院印行，民53年1月，頁1120～21。

〔註16〕 《史記》，卷一百十，〈匈奴列傳第五十〉，頁2899。

〔註17〕 漢時，匈奴人的畜群（包括馬牛羊）生產，即已十分繁盛。見前引林幹《匈奴通史》，頁135。

〔註18〕 同注16。

〔註19〕 前引林幹《匈奴通史》，頁72。筆者亦認爲，匈奴既能自給自足，但又冒險南來劫掠，其「好漢繪絮食物」，應是重要誘因。此外，當時游牧民族之飲食，是否可以完全無獸肉以外食物？而以醫學之觀點，完全無獸肉以外之食物，是否能維持人體之正常機能？這或許也是研究游牧民族劫掠農業社會行爲時之另一值得探討問題，惟非本文所欲論。

關係爲例說明之。《史記・匈奴列傳》載曰：

> 是後韓王信爲匈奴將，及趙利、王黃等數倍約，侵盜代、雲中。……
> 是時匈奴以漢將眾往降，故冒頓常往來侵盜代地。於是漢患之，高
> 帝乃使劉敬奉宗室女公主爲單于閼氏，歲奉匈奴絮繒酒米食物各有
> 數，約爲昆弟以和親，冒頓乃少止。〔註20〕

由此可見，在農業民族在與草原民族互動的過程中，「餽贈」與「和親」是降低
雙方緊張關係之有效方法之一，但當後者強大之時，這似乎也是前者委曲求全
下的不得已選擇。值得注意的是，漢文帝時中國對匈奴的外交姿勢雖低，惟匈
奴卻屢絕和親，仍然不時入漢邊殺略，〔註21〕顯示匈奴並未因漢朝的和親與餽
贈而停止劫掠；要之，只是減少動武的次數與程度而已。因此，漢朝的餽贈和
親與匈奴的劫掠之間，似乎呈現的是一種「蹺板」、而非「有無」關係。到了漢
景帝時候，漢朝「復與匈奴和親，通關市，給遺匈奴，遣公主，如故約」；這時
期，除了和親與餽贈之外，中國與匈奴之互動，又多了「通關市」手段。而「終
孝景時，時小入盜邊，無大寇」；〔註22〕可見「通關市」在當時也是降低與草原
游牧民族間緊張關係之有效方法之一。但這種方法亦僅有消除匈奴「大入」與
「大寇」之效果，並不能阻止其「小入」與「盜邊」之行動。所以如此，筆者
認爲，可能與其背後存在的某些原因有關；例如：草原之上突然而來之天災，
使部落畜產減少，牧族生計受到威脅，而不得不劫掠以求生存。

漢武帝即位之初，還是對匈奴採取傳統「明和親約束，厚遇，通關市，
饒給之」的政策，兩國關係尚佳，甚至出現「匈奴自單于以下皆親漢，往來
長城下」之狀況。惟這並不表示兩國之間從此就能和平相處，也不能因史書
無載而論定當時匈奴已絕劫掠，否則元光二年（前133）爲何會發生匈奴單于
以十萬騎入武州塞（今山西大同、左云之間）？而漢兵又爲何會以三十餘萬
大軍伏於馬邑旁之狀況？〔註23〕觀察此事件之源頭，姑不論是匈奴貪漢財
物，或是漢朝以計誘之，雙方之重兵相對，都足顯示彼此互信基礎薄弱，以
及匈奴騎兵仍能自由游走進出鴈門、平城之線，而漢朝大軍也隨時沿邊嚴陣
以待，兩國大戰一觸即發的事實。「馬邑事件」後，漢匈關係惡化，但匈奴雖

〔註20〕《史記》，卷一百十，〈匈奴列傳第五十〉，頁2895。
〔註21〕《史記》，卷一百十，〈匈奴列傳第五十〉，頁2901～04。
〔註22〕《史記》，卷一百十，〈匈奴列傳第五十〉，頁2904。
〔註23〕同上注。

一方面「絕和親，攻當路塞，往往入盜於漢邊，不可勝數」，另一方面卻仍維持與漢朝間的「關市」貿易關係。〔註24〕由以上的漢匈互動過程看來，草原游牧民族爲獲取所需資源，通常會持續劫掠農業地區，即使在農業政府刻意安排營造下的饋贈和親與和平貿易時期，也不例外，或許只有輕重程度上的差異而已。

　　中古時期的北邊，除唐太宗、高宗之交，以武力爲後盾，將漠北地區納入中國羈縻統治，北方游牧民族得以在「一國之內」自由貿易與遷徙，未見劫掠事件外，其他時候也曾短暫出現過「無事」與「無塵」狀況，惟均有其特殊背景與條件。例如：東漢「明、章、和三世（58～105），皆保塞無事」；除因中原政府採用「賞賜質子，歲時互市」之法安邊外，〔註25〕更因正值東胡興起，匈奴分裂，北邊權力重組之際，東漢得有以鮮卑牽制烏桓並監視匈奴，又以南匈奴制衡北匈奴，在北邊維持「戰略平衡」機會之緣故。〔註26〕又如，北魏時期一度「境上無塵數十年」，〔註27〕則可能是由於南方政權在北邊設立「六鎮」，及每年秋冬「遣軍三道並出，屯於漠南」，〔註28〕遮斷了柔然犯塞之路的緣故。一般說來，游牧民族常爲劫掠而主動使用武力，並將其視爲一種生產的手段。在他們看來，其對南方農業社會的攻擊，是以「無」對「有」的鬥爭和掠奪，而不是消耗。〔註29〕所以鼂錯對漢文帝「上言兵事」，在論及匈奴不斷寇邊時，也不禁有「小入則小利，大入則大利」的感嘆。〔註30〕司馬遷對匈奴人之作戰，有下列這段描述：

〔註24〕《史記》，卷一百十，〈匈奴列傳第五十〉，頁2905。
〔註25〕《後漢書》，卷九十，〈烏桓鮮卑列傳第八十〉，頁2982及2986。
〔註26〕不過，所謂的「明、章、和三世，保塞無事」，可能指東胡方面而言。事實上，當時陰山地區並非無事，照樣有劫掠事件。以明帝朝爲例，就有：永平五年（62）十一月北匈奴寇五原；十二月又寇雲中（見《後漢書》，卷二，〈顯宗孝明帝紀第二〉，頁109）；永平八年（65）十月北匈奴寇西河（治所在今內蒙準格爾旗南）諸郡（同卷，〈顯宗孝明帝紀第二〉，頁112）；永平十六年（73）北匈奴寇雲中（見表二：戰例13）等事件發生。
〔註27〕《魏書》，卷六十九，〈列傳第五十七‧袁翻傳〉，頁1541。
〔註28〕《魏書》，卷四十一，〈列傳第二十九‧袁賀傳〉，頁922。
〔註29〕扎奇斯欽《北亞游牧民族與中原農業民族間的和平戰爭與貿易之關係》，國立政治大學叢書，台北：正中書局，民61年，頁8。蕭啟慶也認爲「掠奪」是游牧社會中，無論貴賤都歡迎的一種生產方式，所獲戰利品，由大家分享。見氏著〈北亞游牧民族南侵各種原因檢討〉，刊於《食貨》，復刊，卷一，民61年3月，頁1～12。
〔註30〕《漢書》，卷四十九，〈爰盎鼂錯傳第十九〉，頁2278。

其攻戰，斬首虜賜一卮酒，而所得虜獲因以予之，得人以爲奴婢。

故其戰，人人自爲趣利，善爲誘兵，以冒敵。故其見敵，則逐利如

鳥之集。其困敗，則瓦解雲散矣。〔註31〕

吾人由這一段話，對照前述匈奴「利則進，不利則退，不羞遁走」的行動準則，就可以看出包括匈奴在內的古代北方游牧民族，他們一般作戰的目的，都非常單純，似乎只在虜獲物資與人口，並無佔領土地的企圖。如果掠奪不到物資，或出現不利狀況時，當然就遁去了事，絕不戀戰，來去之間，行動就如「遊魂鳥集」。〔註32〕這種游擊式的行動準則，筆者在前節分析匈奴與柔然的劫掠作戰時，已作論述。由此亦可見，一個「馬上行國」〔註33〕的北亞游牧民族，無論他們的名稱是什麼，其對南方農業民族的劫掠動機與手段，應該都是一樣。這種爲滿足物資與生活需求爲主要目的之武裝行動，其在過程中所表現的特質，自然就是司馬遷所說「利則進，不利則退，不羞遁走」的行動準則，投射在戰爭上，就是前節所分析的小群、機動、淺入、速退戰術戰法。值得注意的是，此種「不羞遁走」之行動準則，完全是一種對戰爭的價值觀念，與其自小射鼠、長大打獵所培養出來的尚武精神無關。

至於其劫掠的季節，則多集中於秋、冬兩季，這應是因爲一方面可配合其「夏則散眾放畜，秋肥乃聚，背寒向溫，南來寇抄」〔註34〕之游牧民族季節性向南的遷徙行動；另一方面，也正值農業社會傳統「秋收冬藏」的時候，被劫掠地區之物資較豐富而集中，此時劫掠，最能獲致豐碩戰果之故。由以上分析，吾人除瞭解北方草原游牧民族劫掠作戰之行動準則外，又可歸納其相關行爲模式結論如下：

一、草原生態環境影響游牧民族生產與生計，以致須以劫掠爲手段，向南方的農業社會獲取需求，這也正是中古時期北邊發生衝突的主要源頭。

二、北邊和平與否，與草原游牧民族之寇略與否，應無絕對關係。因寇略是北方游牧民族的一種重要生產與致富方式，故不論是否屬於和平時期，皆會入寇，其差異只在「大入」與「小入」程度之分罷了。

〔註31〕《史記》，卷一百十，〈匈奴列傳第五十〉，頁2892。

〔註32〕此爲形容柔然行動之語。見《魏書》，卷四十一，〈列傳第二十九‧源賀傳〉，附〈源懷傳〉頁927。

〔註33〕「行國」一語，出於《史記》，卷一百二十三，〈大宛列傳第六十三〉，頁3161。

〔註34〕《魏書》，卷三十五，〈列傳第二十三‧崔浩傳〉，頁817~18。

三、草原游牧民族對南方農業政府的要求，「餽贈」高於「互市」，故北
　　邊若能暫時「無事」，通常是建立在南方給錢、給食物，而能令游牧
　　民族滿足的基礎上，而非「自由貿易」所致。

第三節　游牧民族社會文化與其劫掠作戰之關係

　　司馬遷在《史記・匈奴列傳》中，曾以「利則進，不利則退」、「所得鹵獲
因以予之」、「得人以爲奴婢」、「人人自爲趣利」、「見敵則逐利」及「舉事而候
星月，月盛壯則攻，月虧則退兵」等文字，具體描述匈奴人作戰時之行動準據、
戰果分配原則、臨戰心理與指揮掌握手段。〔註35〕筆者將其與表九所列之匈奴
劫掠戰例作一對照，亦可進一步瞭解到匈奴所主動發起的一般性劫掠作戰，大
抵具有依月盈虧行事、無固定目標、機動、奇襲、避免決戰、快速脫離的特質，
其作戰指導也以小兵力戰術與戰鬥層次爲重心，其目的則在獲取利益，包括所
需之物資與人口，似乎並無佔領農業社會土地的欲望。〔註36〕因此，只要農業
民族能開放邊市交易或贈與足夠物資，再加上和親與冊封，大抵可以相當程度
緩和草原民族的劫掠行動，有時也能暫時化敵爲友，前已分析，不再贅述。

　　但值得注意的是，司馬遷的這段記述，也透露了一個「馬上行國」與「重
兵死而恥病終」〔註37〕的草原游牧民族，爲了在維持其部族的生存發展，也
必須兼顧利益均霑原則，給予一切參加作戰或劫掠的部族成員，都有公平分
享戰果的機會，使大家樂戰、願戰之訊息。因此，在這樣的游牧社會文化規
範下，有智慧勇力，具備爲部族成員公正分配掠奪所得財物能力者，往往就
會被推舉爲領袖；故草原游牧民族領袖的初次權力來源，可說得自部民賦予。
而發動以劫掠爲主要目的之作戰，似乎也成了部族領袖統御領導、促進團結、
維繫向心、乃至鞏固統治地位之最佳手段。如《後漢書・烏桓鮮卑傳》載檀
石槐時所曰：

〔註35〕《史記》，卷一百十，〈匈奴列傳第五十〉，頁2892。
〔註36〕匈奴亦有乘中國楚漢相爭之際，佔領河南地之記錄。筆者以爲，此是因爲該
　　　　地在先秦時期本即游牧民族駐牧之地（見第五章第一節），屬「農畜牧咸宜」
　　　　地區，匈奴人之佔領河南地，或只是重新獲得其傳統草場，應不能視爲匈奴
　　　　無領土欲望之反證。
〔註37〕《隋書》，卷八十四，〈列傳第五十四・北狄〉，附〈突厥傳〉，頁1864；另，《後
　　　　漢書》，卷九十，〈烏桓鮮卑列傳第八十〉，頁2980。載「俗貴兵死」，義同。
　　　　此爲游牧民族尚武精神之具體表現。

> 鮮卑檀石槐者……勇健有智略。異部大人抄取其外家牛羊，檀石槐
> 單騎追擊之，所向無前，悉還得所亡者，由是部落畏服。乃施法禁，
> 平曲直，無敢犯者，遂推以為大人。〔註38〕

又如《三國·魏書·烏桓鮮卑東胡傳》載柯比能時所曰：

> 柯比能本小種鮮卑，以勇健，斷法平端，不貪財物，眾推以為大人……
> 比能眾遂彊盛，控弦十餘萬騎。每鈔略得財物，均平分配，一決目
> 前，終無所私，故得眾死力，餘部大人皆敬憚之，然猶未能及檀石
> 槐。〔註39〕

檀石槐與柯比能之成為部落聯盟領袖，正足說明草原游牧民族的特殊社會文化，及其與以劫掠行為為主要目的之戰爭互動關係。通常草原游牧民族以部落為單位的劫掠行為，可能只是對單一目標的臨機性侵擾，惟一旦像檀石槐、柯比能一樣，隨部族之發展成為部落聯盟領袖時，就會運用所屬部落羣成員，在各氏族長領導下，同時對農業民族邊境進行較有計畫、有組織的全面性抄寇。這種部落聯盟階段，聯合各部族「總掠邊」的作戰方式，亦較能發揮統合戰力，滿足部落人民對劫掠的「參與感」，並使部落成員都有公平獲得戰利品的機會，當然也就成為部族領袖鞏固其領導地位的重要手段。

是故，雖然中古時期的中國朝廷為了安邊，常以互市、饋贈、和親、冊封等方法，安撫草原游牧民族，以換取和平。惟在草原游牧民族領袖的認知中，和親與冊封，表示受到中國的重視，固然重要，但這只是其個人及心理層面之事，比起全部族實際可獲得物資之互市與饋贈，似乎略遜一籌。

因此，草原游牧民族領袖在內心感情上，或許希望與中國和親並受到冊封，然而為了鞏固其在部族中的領導地位，恐怕更重視跟隨和親與冊封而來的實質贈與。〔註40〕故當南方政府附帶於和親與冊封之外的物資贈與過少，不能滿足其對族人的分配需求時，草原民族領袖就可能捨和親與冊封而就劫掠。如東漢桓帝時鮮卑檀石槐崛起，盡據匈奴故地，中國積患而不能制，「遂遣使持印綬封檀石槐為王，欲與和親，檀石槐拒不肯受，而寇抄滋甚」，〔註41〕或是例子。

〔註38〕 《後漢書》，卷九十，〈烏桓鮮卑列傳第八十〉，頁 2989。

〔註39〕 《三國志》，卷三十，〈魏書·烏丸鮮卑東胡傳第三十〉，附〈柯比能傳〉，頁 838～39。

〔註40〕 前引扎奇斯欽《北亞游牧民族與中原農業民族間的和平戰爭與貿易之關係》，頁 60～61。

〔註41〕 同註 38。

　　吾人因此可知，游牧民族是以「戰爭──劫掠──分配」爲其草原社會與政治形式下，領導階層運作與維持其權力的一種特殊行爲模式，三者具有強烈互動關係。領導階層以搶得物資分配族人爲誘因，模塑「人人自爲趣利」的「樂戰」大環境，藉以鞏固與擴大本身的權力基礎。

　　而反過來看，族人之所以願意跟隨領導階層從事劫掠性的作戰，也完全是基於其對劫掠物資分配的需求。因此，領導劫掠與分配所得才是游牧民族領袖人物眞正關注的焦點，故而南方政府若僅對這些游牧民族少數領導階層施以和親與冊封，當不能滿足游牧社會此一物質與心理、上層與下層交錯需求之複雜情境，這或許也是古時候農業中國無法消除游牧民族劫掠行動原因之一。

　　由於受到這種草原社會文化的影響，當游牧民族逐漸強大，進一步具有國家規模或雛型時，其對農業地區的攻擊，即使出現大軍作戰型態，還是脫離不了劫掠的特色。如隋文帝開皇二年（582）十二月，突厥沙鉢略可汗控弦四十萬，「縱兵自木硤、石門兩道來寇」，造成「武威、天水、安定、金城、上郡、弘化、延安六畜咸盡」（見表五：戰例 2）。〔註42〕又如唐太宗貞觀十五年（641）十一月，薛延陀以二十萬騎兵度漠南，出陰山，屯白道川，據善陽嶺以擊東突厥；吾人從其大軍在白道川面對東突厥之「燒薙秋草」，而「糧糒日盡，野無所獲，……其馬齧林木枝皮略盡」狀況，〔註43〕可見薛延陀大軍之後勤補給，顯然是建立在劫掠之上，最後無物可掠，就地補給不成，攻勢因而衰竭，就只有退兵一途（見表六：戰例 12）。

　　其次，再進一步就俘虜人口問題，探討草原游牧民族劫掠作戰之本質，及與其發動戰爭之互動關係。游牧民族在劫掠作戰中，亦大量俘虜人口，其目的應在充當奴隸及作爲生產工具。以西漢時期爲例，僅從文帝前三年（前 177）至昭帝元鳳三年（前 78）的一百年間，被匈奴虜去的漢人，至少就在十萬口以上，至於匈奴從東胡、烏桓、鮮卑與西域各族虜去的人口，則尚未計入。〔註44〕

　　這些匈奴人在劫掠作戰中所俘虜的人口，自然成爲其貴族與戰士的私有財產。匈奴人則按照奴隸來自其他民族的特點，強迫他們從事專長相近的生產勞動，甚至死後陪葬。吾人從《史記‧匈奴列傳》所載：「其送死，有棺槨金銀衣裘，而無封樹喪服。近幸臣妾從死者，多至數千百人」，即可瞭解匈奴

〔註42〕《隋書》，卷八十四，〈列傳第四十九‧北狄傳〉，附〈突厥傳〉，頁 1865～66。
〔註43〕《通鑑》，卷一百九十六，〈唐紀十二〉，太宗貞觀十五年十一月條，頁 6170～71。
〔註44〕林幹《匈奴通史》，頁 14。

貴族或富者死亡時，其棺木與陪葬之講究，並不在漢俗之下。而陪葬者，在「匈奴人眾不能當漢之一郡」，復又「惡種性之失」狀況下，﹝註45﹞則絕不可能是其一般族人，而恐是奴隸。因此，匈奴人對奴隸，生可壓榨其勞力，死可迫其陪葬，而奴隸之主要來源，就是武力劫掠。﹝註46﹞難怪匈奴臨戰，人人不但「自為趣利」，更「見敵逐利」，這也正是「其戰所得虜獲因以予之，得人以為奴婢」社會文化之具體寫照與落實。

　　而草原民族的這種以劫掠為主流價值的社會文化特色，投射在戰鬥作風上，就是「利則進，不利則退，不羞遁走」；反映在戰法上，就是機動、奇襲、避強擊弱；表現在作戰指導上，就是避免決戰、打不贏就走。這即是中古以來北方草原民族的戰爭特質，匈奴人如此，與匈奴同俗的鮮卑、柔然、突厥人，也大致如此。

第四節　馬匹對游牧民族戰爭與北邊戰略環境變動的影響

　　馬匹為游牧民族家畜的一種，但由於是組成騎兵兵團的必備條件，而草原之上又適合騎兵作戰，故對「馬上行國」的游牧民族而言，馬匹不但是其戰力的憑藉，更是其立國的基礎。因此，生活在草原生態環境中的北亞游牧民族，如匈奴、鮮卑、柔然、薛延陀、突厥、回紇，不論是那一個族系，莫不將游牧與繁殖家畜，視為他們賴以為存的生命線，其中又必定將馬放在首位。﹝註47﹞大體而言，北方草原游牧民族的家畜，約有馬、牛、駱駝、綿羊、山羊五類。由於生理特性與本能不同，這些家畜通常都不能放牧在同一條件

﹝註45﹞《史記》，卷一百十，〈匈奴列傳第五十〉，頁2899～2900。

﹝註46﹞匈奴奴隸之來源有四：最主要者是戰俘，戰俘有漢人，也有其他族人。其次是由鄰族販賣所得。第三是因隸屬部族付不出貢稅，被沒收為債奴。第四是匈奴族人因犯罪，而被沒收為罪奴。見林幹《匈奴通史》，頁13～16。

﹝註47﹞前引扎奇斯欽《蒙古文化與社會》，頁18，21。又，匈奴西遷至歐洲後，仍以畜牧經濟為主。見*"In time of war and migration，the Huns lived on their sheep and cattle."* 載於：Otto J. Maenchen-Helfen.，*"The World of The Huns ：Study in Their History and Culture."*, University of California Press/Berkeley/Los Angeles/London/1973，p.177。（此 war，是指"The first and the second Gotho-Hunnic War." 而言）。而西遷後之匈奴人，至少至五世紀中期，仍保留其傳統住氈帳、畜牧、狩獵之游牧生活方式，可見游牧民族生活形態之不易變動。見 Otto 同書 pp.169、174、178～79。

的草場上，而須有所區分。札奇斯欽在《蒙古文化與社會》中說：

> 馬是愛吃草的尖端和籽粒的，所以要尋找草比較高的牧場。牛是用
> 舌捲草吃的，草長得矮，也無礙於放牧。羊的牙齒銳利，每每嚙到
> 草根。所以放過羊的草場，就不能再放牧其他的家畜，尤其是馬。
> 可是經過放馬的草場，是毫無問題的可以放羊。只是放過羊的牧場，
> 除非新草再生，一年僅能使用一次。〔註48〕

而依據畜場的經驗，山羊和綿羊吃草時，比其他的牲畜都咬得更深，所以牠
們可以在牛馬吃過的地方放牧。但是，羊剛吃過草的地方，牛馬以及其他牲
畜卻不能再吃了。因此，北方草原游牧民族為了同時放牧多種家畜，就必須
逐水草而居，不斷尋找新的、與羊群分開、同時可以容納多種家畜放牧的草
場；因此，「草盡則走」〔註49〕就成了游牧民族現實生活最好的寫照。如果一
個牧民，如前述以飼養28.8頭家畜（見本章注15）計算，則普通居於「一落」
的五口之家，估計約可飼養144頭大小家畜。故而可以想見，一個由數十落、
甚至數百落人口組成的部落，其所需放牧的空間，應是十分遼闊的，這就是
游牧民族必須散牧的原因。

又根據經驗，北亞草原之生態環境是：春天枯草遍地，殘雪猶存，同時也
是家畜經過嚴冬的消耗，體力極弱的時期，故對游牧民族而言，應是最壞的季
節。夏天雖遍地油綠，家畜由羸瘦變成肥壯，是草原之上最美的季節，但正值
家畜繁殖，也是游牧民族戰力最脆弱的時期。秋天家畜壯碩，戰馬精沛，為南
徙避寒，並劫掠農業地區的時期，是游牧民族一年之中戰力最強、並期待豐收
的季節。冬天是行獵的好季節，但也最容易遭受天災，是游牧民族最危險的時
期。〔註50〕吾人由此草原生態環境對游牧民族活動之影響，即可驗證前述劫掠
作戰在季節上之統計數據，為什麼農業民族經常選擇春、夏兩季度漠攻擊游牧
民族？而游牧民族又為什麼集中在秋、冬兩季劫掠農業民族？

不過，游牧民族不論春夏駐牧漠北，或秋天來臨遷徙漠南準備避寒，為

〔註48〕前引札奇斯欽《蒙古文化與社會》，頁19～20。

〔註49〕嚴可均《全後魏文》，卷五十六，〈遣師援于寘議〉，北京：中華書局，1958
年，頁3795。

〔註50〕前引札奇斯欽《蒙古文化與社會》，頁20。而所謂的危險，是指冬天較易發生
寒害等天災，每易造成生畜與人口的大量死亡，使牧族生產受到破壞，社會
經濟即趨萎縮，部族也瀕于絕境。這種因天災所造成的經濟不穩定性，反映
在政治上，便是政權容易忽強忽弱、驟興驟衰。見前引林幹《匈奴通史》，頁
136。

了找尋足夠所有家畜同時放牧的草場，必定會如前述以部落或部落群為單位，散布在廣大地區中，而絕不可能蝟聚一地，這或許就是造成游牧民族「各有分地，逐水草移徙」〔註51〕的原因。因此，當其向農業地區進行劫掠時，由於受到部落相離，馬匹分散放牧，戰力難以集中使用之現實條件限制，通常不易以大兵力發動大規模、有組織的統一攻勢，而只能在廣大邊境線上，以部落為單位，或集合附近數個部落聯合的力量，自行選取攻擊目標而劫掠。這種受馬匹分散放牧，而造成劫掠時各自為戰的情形，大概就是前節所舉之甚多匈奴與柔然劫掠事件中，史書不易具體敘述，僅能以「入盜」、「盜邊」、「寇邊」、「略邊」等語模糊帶過之狀況。

當然，游牧民族在這種狀況下所發動的臨機性攻擊行動，理論上應無全程指導，故在戰術與戰略上，亦不須刻意講求「跨地障」之用兵藝術；其注意之焦點，或僅只落於單純的戰鬥與劫掠效果上而已。但是，由於游牧民族受高緯度生態環境影響，秋冬兩季須徙渡漠南，並基於經濟與生產理由而慣性劫掠，故農業民族為了「反劫掠」，亦必須長期沿著漫長的邊境線警戒與防禦，以維護其本身安全，行有餘力時，且渡漠反擊。筆者以為，這樣的因果互動模式，恐就是造成中古時期南北關係持續緊張之根本原因所在；而游牧民族以馬匹機動劫掠，對中古時期南方農業社會建軍備戰最顯著之影響，應該就是養馬與發展騎兵了。

在機械動力載具未發明前，馬匹是戰爭中大軍機動、打擊、指揮、連絡與運輸最重要的工具；誰的騎兵強大，誰幾乎就能在戰爭中掌握主動，因此馬匹也就成了影響戰爭的充分與必要條件。由於北方游牧民族善用騎兵劫掠，南方農業民族「難得而制」，〔註52〕痛苦不堪，於是也致力發展騎兵；戰國時期趙武靈王之「習騎射」，應可視為中國歷史上農業民族發展騎兵對草原民族作戰的開始。

同時，農業民族為了反制游牧民族的入侵，及能對其展開快速反擊，亦開始在長城以南水草豐美的「農畜牧咸宜」地帶養馬，以提供組建騎兵兵團所需馬匹，中原由此有了養馬與隨養馬而來的「馬政」。但由於中原之地域生態及人力條件遠較大漠地區優越，故在推展「馬政」的過程中，採取了養馬與用馬分離的政策，這與游牧民族用馬者必須自行牧馬之狀況，可說完全不同。

〔註51〕《史記》，卷一百十，〈匈奴列傳第五十〉，頁2891。
〔註52〕《漢書》，卷五十二，〈竇田灌韓傳第二十二〉，頁2398。

　　漢初中原缺馬，吾人從《史記·平準書》「自天子不能具醇駟，而將相或乘牛車」〔註53〕與《漢書·食貨志》馬價增至「一匹百金」〔註54〕的記載，概知當時馬匹之稀貴。漢高帝七年（前 200），漢皇帝劉邦以三十二萬步騎混合之軍隊，北上欲與匈奴決戰，結果劉邦率先頭部隊孤軍冒進，被匈奴冒頓單于四十萬騎兵圍於平城白登山七晝夜，幾乎全軍覆滅。斯役也，「匈奴騎，其西方盡白馬，東方盡青駹馬，北方盡烏驪馬，南方盡騂馬」（見表一：戰例5），如此壯盛騎兵陣容，必然給了漢朝很大的震撼。筆者以為，這恐怕就是從文、景兩帝開始，漢朝建立國家馬政與正式發展養馬事業的最大推動力量。

　　當時漢朝將馬匹的飼養、繁殖，作為一項整軍備戰的重要措施，以期擁有一支能與匈奴決勝的強大騎兵兵團；因此，漢初之建立馬政與發展養馬事業，或可說是基於對匈奴戰爭的需要上。漢文帝時，為鼓勵民間養馬，「令民有車騎馬一匹者，復卒三人」。〔註55〕漢景帝時，更有感於面對匈奴之威脅，民間養馬緩不濟急，更開置國家馬苑，〔註56〕以太僕屬官為邊郡六牧師苑令，「牧師諸苑三十六所，分置西北邊，分養馬三十萬匹」。〔註57〕

　　漢朝一方面養馬，一方面也嚴格管制其流向，尤其防範為關東諸侯所用；「馬高九尺五寸以上，齒未平，不得出關」，〔註58〕即指此。如此經過七十年的努力，到了武帝時候，漢朝的養馬事業達到了空前高峰。〔註59〕《史記·平準書》以「天子為伐胡，盛養馬，馬之來食長安者數萬匹，卒牽掌者關中不足，乃調旁近郡」，「地用莫如馬」及「眾庶街巷有馬，阡陌之間成群，而乘字牝者儐而不得聚會」，描述當時漢朝遍地馬匹的景象。〔註60〕而正因為武帝有了充足的戰馬，才得以組織強大的騎兵兵團，在對匈奴的戰爭上，不但

〔註53〕《史記》，卷三十，〈平準書第八〉，頁 1417。
〔註54〕《漢書》，卷二十四下，〈食貨志第四下〉，頁 1153。
〔註55〕筆者按：漢初規定有一定爵位之人，才能復卒一人，而養戰馬一匹者，即可復卒三人，可見當時對馬政的重視。見《漢書》，卷二十四上，〈食貨志第四上〉，頁 1133。
〔註56〕「孝景時，益造苑馬以廣用」。見《史記》，卷三十，〈平準書第八〉，頁 1419。
〔註57〕《漢書》，卷十九，〈百官公卿表〉，頁 729。
〔註58〕《漢書》，卷五，〈景帝紀第五〉，頁 147。
〔註59〕有關西漢文、景、武、昭四帝時期之馬政及養馬狀況（以戰爭較多的武帝時期為重點）。見昌彼得〈西漢的馬政〉，刊於《大陸雜誌》，5 期 3 卷，台北：民 41 年 8 月。漢朝對馬之使用，可參勞榦〈漢代的軍用車騎和非軍用車騎〉，收入《簡牘學報》，11 期，台北：民 74 年 9 月。
〔註60〕《史記》，卷三十，〈平準書第八〉，頁 1420、1425 及 1427。

轉守為攻，更能屢次深入漠北匈奴腹地出擊。

東漢時期，馬政與養馬事業繼續發展，太僕之下設牧師苑，主養馬。當時苑馬養殖的範圍，由北方擴展到了河西六郡。〔註61〕安帝永初六年（112），東漢又在越雟、益州、犍為等地置苑，〔註62〕其地雖已不可考其詳，但至少可以看出東漢對馬政亦投入了很大的心力。魏晉時期，天下戰亂，離合相繼，馬政不詳。到了北魏時期，或因拓跋氏亦來自草原，善於用馬，養馬事業又蓬勃發展。據《魏書・食貨志》記載，太武帝時僅河西一地之畜產，即達「馬至二百餘萬匹，橐駝將半之，牛羊則無數」之規模。〔註63〕

但到了西魏、北周時期，似乎不很重視官方養馬，吾人從其屢受突厥獻馬，或向突厥買馬之狀況，約可得到證明。〔註64〕隋朝時期，一方面沿襲北周作法，繼續向突厥買馬，一方面也開始由朝廷養馬，不過養馬的地方已東移至關中東部的同州赤岸澤（今陝西大荔）一帶。〔註65〕但隋朝時期養馬的地域不大，養馬也不多，這恐與開皇二年（582）突厥曾由西北大舉入寇（見表五：戰例 2），河西與關隴以北之傳統養馬地區並不安全，及其後突厥內鬨，一度無力犯境，使隋文帝之世北邊較無戰爭壓力有關。〔註66〕

唐朝時期，養馬事業再現高潮，但初期卻建立在楊隋的脆弱基礎上。《新唐書・兵志》所載：「（唐）得突厥馬二千匹，又得隋馬三千於赤岸澤，徙之隴右，牧監之制始於此」，可以證明。〔註67〕唐太宗時，為了與東西突厥、薛延陀等漠北強族作戰，極重視養馬，當時養馬地區，仍以關隴以北的黃土高原為主，但較之漢代，已更為擴展。隋代養馬之地在同州的赤岸澤一帶，唐太宗貞觀年間移于秦（治所在今甘肅天水）、渭（治所在今甘肅隴西）二州之北，會州（治所在今甘肅靖遠）之南，蘭州（治所在今甘肅蘭州）狄道縣（今

〔註61〕《後漢書》，志第二十五，〈百官二〉，頁 3582。

〔註62〕《後漢書》，卷五，〈孝安帝紀第五〉，頁 218。

〔註63〕《魏書》，卷一百一十，〈食貨志〉，頁 2857。

〔註64〕《周書》，卷五十，〈列傳第四十二・突厥傳〉，頁 909～12。

〔註65〕史念海〈黃土高原的演變及其對漢唐長安城的影響〉，收入《漢唐長安與黃土高原》，（中日歷史地理合作研究論文集第一輯），西安，陝西師範大學，1998年 4 月，頁 66～68。

〔註66〕史念海・馬馳〈關隴地區的生態環境與關隴集團的建立與鞏固〉，收入《漢唐長安與黃土高原》，（中日歷史地理合作研究論文集第一輯），西安：陝西師範大學，1998 年 4 月月，頁 256。

〔註67〕《新唐書》，卷五十，〈志第四十・兵〉，頁 1337。

甘肅臨洮）之西。〔註68〕也就是隴西、金城、平涼、天水四郡之地，皆在隴山之西。

其後，由於馬匹繁殖日多，監牧之地又向西擴張至「河曲豐曠之野」（今青海東南一帶）。〔註69〕向東則擴張至于岐（治所今陝西省鳳翔縣）、邠（治所今陝西省彬縣）、涇（治所今甘肅省涇州縣）、寧（治所今甘肅省寧縣）四州，已經到了隴山之東。後來又向更東擴展，關內道的鹽州（治所今陝西定邊）及河東道的嵐州（治所今山西嵐縣），也都為養馬而設有牧監。〔註70〕唐代的養馬，甚至還超越黃土高原之外，遠達河西的涼州（治所今甘肅武威）。〔註71〕《新唐書‧兵志》又載：「初，用太僕少卿張萬歲領群牧。自貞觀至麟德四十年間，馬七十萬六千。」可見唐代養馬之盛況，完全起於朝廷的重視。

但張萬歲失職後，「馬政頗廢」。永隆年間，「夏州之馬之死失者十八萬四千九百九十」，其後稍復，至天寶十三年，又達「馬三十二萬五千七百」之規模。〔註72〕但未幾逢安祿山之亂，唐東調河西、隴右兩鎮之兵平亂，造成「其後邊無重兵，吐蕃乘隙陷隴右，苑牧畜馬皆沒矣」之後果。乾元後，唐朝開始向回紇買馬，但「馬皆病弱不可用」。〔註73〕於是唐朝在喪失主要養馬地區，甚至連銀州牧馬都被党項族的夏綏銀節度使拓跋思恭掌握，〔註74〕對唐朝的養馬事業而言，實是致命打擊，至此馬政一蹶不振。馬備由自給轉為向四鄰購買（尤其是回紇），唐末軍力衰退，無馬可用，可能也是重要原因。〔註75〕

吾人瞭解中國養馬是起於受北方草原游牧民族劫掠作戰影響之後，筆者

〔註68〕史念海〈黃土高原的演變及其對漢唐長安城的影響〉，收入《漢唐長安與黃土高原》（中日歷史地理合作研究論文集第一輯），西安：陝西師範大學，1998年4月，頁69。

〔註69〕《唐會要》，卷七十二，〈馬〉，頁1302。

〔註70〕前引史念海〈黃土高原的演變及其對漢唐長安城的影響〉，頁70。

〔註71〕《舊唐書》，卷一百三，〈列傳第五十三‧王忠嗣傳〉，頁3201。

〔註72〕《新唐書》，卷五十，〈志第四十‧兵〉，頁1337～38。

〔註73〕《新唐書》，卷五十，〈志第四十‧兵〉，頁1339。

〔註74〕《新唐書》，卷二二一上，〈列傳第一百四十一上‧西域上〉，附〈党項傳〉，頁6218。

〔註75〕安史亂後，唐朝喪失養馬地區，對國勢之影響。可參宋常廉〈唐代的馬政〉（上、下），刊於《大陸雜誌》，29卷1、2期，民53年7。及李樹桐〈唐代的軍事與馬〉，刊於《師大歷史學報》，5期，台北：師範大學，民66年4月。又，唐朝向回紇買馬狀況，及安史之亂後唐與回紇間之和戰、貿易關係，似具有一種互動上的連環性。參札奇斯欽〈對「回紇馬」問題的一個看法〉，刊於《食貨復刊》，1卷1期，民60年4月。

再試以漢、唐時期之養馬，與草原民族之牧馬作一比較。漢、唐之馬苑由國家開設，有專業養馬人員與專用草場，不須與其他家畜共牧，這是草原民族在漠北生態環境下所沒有的條件。軍用戰馬經挑選後，直接撥交軍隊使用，因此漢、唐的騎兵部隊只管用馬，而無養馬之負擔。

漢、唐軍隊以此種方式獲得馬匹的最大優點，在於平時馬匹即已集中於騎兵部隊，人馬一體，隨時可依戰略與戰術考量而統一或分割使用。在這種條件下，漢、唐軍隊才得以針對戰略情勢與戰爭目的，發展出各種騎兵戰術、戰法，在國家全程戰略構想指導下，機動靈活使用騎兵兵團，故每能在所望時間，集中所望兵力於所望戰場，獲取所望戰果。

也就在這種條件下，漢、唐軍隊在陰山戰爭中，才較北方草原游牧民族重視陰山各軍道「跨地障」作戰的功能，尤其是能「通方軌」之白道；表八之統計數據，大致顯示了這個事實。而漢武帝時代以重騎兵分進合擊，遠征漠北，屢敗匈奴；唐太宗時代以輕騎兵奔襲攔截，擊滅東突厥與薛延陀；亦概略說明了農業社會在發展騎兵戰術、戰法上所居的優勢地位。

反觀北方游牧民族，因受草原生態環境影響，馬匹平時散牧，有事才臨時調集，除小規模、臨機性之劫掠行動外，較不易形成大軍而作戰略與戰術考量上之統一運用。這恐也是中古時期游牧民族在陰山附近對南方大軍之作戰中，除非不得已或態勢極有利，鮮少主動求決戰之一項重要原因。不過，南方政府長期面臨北方草原民族騎兵的飄忽游擊戰法威脅，亦痛苦不堪，在「不得而制」之狀況下，雖偶也渡漠出擊，但因無法徹底解決劫掠問題之源頭，故大部分時間也只得被迫沿廣大邊境線屯兵設防、採取守勢，這就是中古時期南方政府在北邊國防政策上的共同特色與弱點。

第五節　游牧民族劫掠作戰對南方政府國防政策的影響

中國中古時期，北方草原游牧民族之經常南下劫掠農業民族地區，在兩大民族的互動過程中，是頗令後者痛苦之事。但是對於北方草原游牧民族的劫掠，不論史書以入邊、寇邊、略邊、入寇、入盜、鈔寇等方式記載其行動，或是以大舉、大入、小入、深入等描述其攻擊之規模與程度，其實動機都十分單純，就是要掠奪所需的物資與人口，而非前來追求與農業民族的決戰。牧族這種對農業中國之為患狀況，《多桑蒙古史》亦載曰：

> 此種好戰之游牧部落，歷代以來，屢爲中國之患……一旦有機可乘，
> 轙靷地域之牧人，即侵寇中國，而滿其抄掠之欲望，蹂躪一地後，
> 即取其所掠之物與所虜之民，渡漠而去。〔註76〕

前已分析，北方草原游牧民族因受大漠生態環境及畜牧生活型態所形成的特殊草原社會文化影響，其所發動之戰爭，大致具備作戰時間以秋、冬兩季爲主，作戰地區涵蓋整個北疆，戰略上無固定目標與攻擊重點，戰術上以避強擊虛與突襲速戰爲原則，戰法上以小群機動與飄忽游擊爲手段之特質。雖然這種對南方農業社會地區不定點、廣正面、單方面、零星式、打了就走的劫掠行動，有些甚至還不能稱之爲戰爭；但由於游牧民族「馬上行國」，機動性高，傷害力大，常令南方政府疲於應付，故南方各朝代莫不視之爲主要禍患，成爲其制定北邊國防政策時之首要考量因素。陰山地區居北邊「中央位置」，其北之漠南草原，爲游牧民族秋冬主要避寒駐牧之地，其南之河套與大黑河平原，是傳統「農畜牧咸宜」地帶上之精華區域；特殊之地緣，加上特殊之歷史戰略環境，乃使其成爲中古時期北中國四戰之地。

　　筆者觀察北方游牧民族在劫掠作戰之特質，其行動上的不定點、廣正面、突擊性、零星式、打了就走，反映在作戰效能上，就是北魏高宗時尙書高閭對柔然「所長者野戰，所短者攻城」之評論。〔註77〕而游牧民族「馬上行國」，其「輕疾無常」的飄忽行動，每令南方政府雖「汲汲而苦勞士馬」防邊，但還是「難得而制」，〔註78〕經常處於被動挨打局面。故從春秋戰國時代開始，南方農業民族國家，面對北方草原游牧民族非正規式的飄忽游擊作戰之威脅，在既不能以其慢速步兵與笨重車兵爲主的軍隊，去對北族的快速騎兵展開反擊，又沒有足夠馬匹組建強大的騎兵兵團，並克服大漠的障礙，去直搗其在漠北的後方根據地；在這樣的狀況下，爲了國防安全，就只好針對游牧民族「短於攻城」的弱點，沿著漫長的北疆邊界，築起一道道連接的城牆，屯軍防禦，以備其來犯，「長城」由是而來。《史記·匈奴列傳》記載戰國時期諸侯築長城以禦胡之狀況曰：

> ……於是秦有隴西、北地、上郡，築長城以拒胡。而趙武靈王亦變

〔註76〕多桑原著，馮承鈞譯《多桑蒙古史》，上冊，台北：商務印書館，民52年10月月，頁28。不過，此情形並非全然，當不包括游牧民族在中國建立「滲透王朝」（農牧政權）或「征服王朝」（見第六章註64說明）時期。

〔註77〕《魏書》，卷五十四，〈列傳第四十二·高閭傳〉，頁1201。

〔註78〕《魏書》，卷三十五，〈列傳第二十三·崔浩傳〉，頁816。

俗胡服，習射騎，北破林胡、樓煩。築長城，自代並陰山下，至高
闕爲塞。……燕亦築長城，自造陽至襄平，置上谷、漁陽、右北平、
遼西、遼東郡以拒胡。〔註79〕

到了秦始皇滅六國之後，雖進一步向北擴張戰果，派遣內使蒙恬「將十萬之
眾北擊胡，悉收河南地」，但在佔領河南地後，卻「因河爲塞，築四十四縣城
臨河，徙適戍以充之」，〔註80〕基本上在北邊還是採取了守勢戰略。當時秦朝
爲了編組一道對北方草原民族的完整防禦陣線，秦始皇除了修「直道」外，
又將燕、趙等國所築之「拒胡邊牆」與秦長城串聯起來，「起臨洮至遼東萬餘
里」；此即史上所謂的「萬里長城」。〔註81〕從此之後，萬里長城就成了北方
草原民族與中原農業民族之間，一道地理上的有形界線與心理上的無形鴻
溝，對中國在北邊傳統的守勢戰略思想，及日後的歷史發展，都產生了極深
遠的影響。而這一切的源頭，又似乎是導引自北方草原游牧民族「輕疾無常，
難得而制」的劫掠作戰。中古時期這種以長城爲界的守勢國防思想，延續了
八百多年，一直到唐太宗對東突厥作戰的時候，才被打破。

　　面對北方草原民族慣性略邊之威脅，中國北疆守勢國防政策的初期形

〔註79〕《史記》，卷一百十，〈匈奴列傳第五十〉，頁2885～86。
〔註80〕《史記》，卷一百十，〈匈奴列傳第五十〉，頁2886。
〔註81〕同上注。有關秦漢長城路線，黃麟書《秦皇長城考》（香港：珠海書院，1959）
　　　　及〈漢武障武考〉（刊於《珠海學報》2期，香港：珠海書院，1964），有詳
　　　　考。但其資料皆爲1949年以前者，內容似有不足。據近年考古勘察所得，
　　　　蒙恬所築長城分作西、中、東三段。西段利用原秦長城整修而成，大致起
　　　　於今甘肅岷縣西，向東北經臨洮、渭源、寧夏固原、甘肅環縣、陝西吳旗、
　　　　靖邊，至內蒙準格爾旗東北十二連城。中段除部分利用原趙長城外，相當
　　　　一部分屬蒙恬新建，其位置由寧夏北上，進入內蒙境內，穿越烏蘭布和沙
　　　　漠北端的雞鹿塞，到達狼山北坡，由什蘭計北口，經固陽縣北部、武川縣
　　　　南部，沿大青山至集寧，再經興和縣北部，進入河北境內，在圍場縣與原
　　　　燕長城相接。東段基本沿用原燕長城，分作南北兩段。北長城起自內蒙德
　　　　化縣東，經河北康保縣、內蒙正藍旗、多倫，至河北圍場縣北，再向東沿
　　　　英金河北岸，穿赤峰市，經奈曼旗土城子而北轉東，經庫倫旗南部，進入
　　　　遼寧阜新縣東去，經彰武、法庫、過遼河，至開原一帶，折向東南，經新
　　　　賓、寬甸，過鴨綠江直至朝陽清川江。南長城亦起自德化縣，向東過喀喇
　　　　沁旗、赤峰南部，越老哈河，由遼寧建平縣與內蒙敖漢旗之間，進入遼寧
　　　　北票市境。南北兩長城相距約40～50公里。見中國長城協會《中國長城遺
　　　　跡調查報告集》，北京：文物出版社，1981年；及中國文明史編纂工作委員
　　　　會《中國文明史·秦漢時代》，上冊，台北：地球出版社，民86年9月，
　　　　頁277～78。

成，大約歷經秦漢四百餘年，始見其完全發展；但當時論此議題，也意見分歧，約略可分為「主和」、「主戰」、「用夷」與「分別」等不同主張。〔註82〕惟吾人從漢文帝致匈奴老上單于書所言：「長城之北，引弓之國，受命單于；長城以內，冠帶之室，朕亦制之」，〔註83〕即可看出在南方政府北疆政策初期形成的過程中，應有一個前提，那就是劃定長城為胡漢界線，承認長城以北為「引弓之國」的事實。

在這個前提下，南方政府雖亦每以大軍越漠出擊北方游牧民族，但因無經略漠北之地的計畫與作為，故在軍事戰略或野戰用兵層次上，或可為稱為攻勢作戰，但在國家戰略層次上，卻仍屬守勢範疇。有關南方大軍渡漠作戰問題，第八章再作討論。

從秦始皇至楊隋，歷代長城屢有增築，而每次較大規模修建長城之時機，居然都選擇在對北方游牧民族作戰獲得重大勝利之後；南方政府在北邊國防上的消極保守心態，或許由此最能看出。關於這一點，筆者試以這個時期南方政府力量最強大的秦始皇、漢武帝、北魏與楊隋四朝為例，說明如下：

一、秦始皇時期

據《史記·匈奴傳》載：「後秦滅六國，而始皇帝使蒙恬將十萬之眾北擊胡，悉收河南地。因河為塞，築四十四縣城臨河，徙適戍以充之。而通直道，自九原至雲陽，……起臨洮至遼東萬餘里。」〔註84〕秦始皇修長城之時機，是選在擊敗匈奴，奪取河南地之後。

二、漢武帝時期

又據《史記·匈奴傳》載：「其明年（元朔二年，前127），衛青復出雲中以西至隴西，擊胡之樓煩、白羊王於河南，得胡首虜數千人，牛羊百餘萬。於是漢遂取河南地，築朔方，復繕故秦時蒙恬所為塞，因河為塞」。〔註85〕漢武帝修長城之時機，也是選在擊敗匈奴，收復河南地之後。

三、北魏時期

北魏雖為鮮卑拓跋氏所建，但亦築長城。據《魏書·太宗紀》載：「（泰

〔註82〕王明蓀師《中國民族與北疆史論·漢晉篇》，台北：丹青圖書有限公司，民76年4月，頁75～93。按引「分別論」者，認為夷夏本異，自可分離。主張來則待之以禮，寇則出兵禦之，去則不予理會，並承認其對等國際地位。
〔註83〕《史記》，卷一百一十，〈匈奴列傳第五十〉，頁2902。
〔註84〕同註80。
〔註85〕《史記》，卷一百一十，〈匈奴列傳第五十〉，頁2906。

常）八年（423），……二月戊辰，築長城於長川之南，起自赤城（今河北赤城），西至五原，延袤二千餘里，備置戍衛」。〔註86〕北魏明元帝修長城之時機，則是選在連續擊敗柔然、高車、丁零等民族，北方暫時底定後（見表三：戰例30，31，32）。

四、隋朝時期

隋代雖短，卻曾六次修築長城。據《隋書》記載，此六次為：（一）隋文帝開皇元年（581）四月，「發稽胡修築長城，二旬而罷」。〔註87〕（二）同年，隋文帝令司農少卿崔仲方「發丁三萬，於朔方、靈武築長城，東至黃河，西拒綏州，南至勃出嶺，綿亙七百里」。（三）開皇二年（582），隋文帝復令崔仲方「發丁十五萬，於朔方已東緣邊險要築數十城，以遏胡寇」。〔註88〕（四）開皇六年（586），「發丁男十一萬修築長城，二旬而罷」。〔註89〕（五）隋煬帝大業三年（607）秋，「發丁男百餘萬築長城，西拒榆林，東至紫河，一旬而罷」。（六）大業四年（608）秋，「發丁男二十餘萬築長城，自榆谷而東」。〔註90〕隋朝修長城之時機，除第一至三次未與突厥作過主力決戰外，第四次是選在突厥沙鉢略可汗降隋，願永為隋朝藩附之後，第五、六次是選在連續擊敗突厥達頭可汗與思力俟斤，大致安定北邊之後。

一般而言，軍事上獲得重大勝利，應是政治上對外擴張的最好機會。但上述四個中國統一或國力強大的時期，卻都在贏得對北方游牧民族之戰爭勝利後，未再追求國家戰略層次以上更深遠目標之擴張，反而以築建長城方式，就地鞏固與整頓，為戰爭劃下階段性句點。

此舉不但有確保陰山地區既得戰果、到此為止之意，而且也明確表達了南方政府以長城為北邊國防最前線的守勢思想。這種以長城為底線的守勢國防思想，其最大影響，就是農業民族的政治權力，始終未能在漠北地區立足，當然也就無法根本解決游牧民族之劫掠問題。

不過，這種在北邊以防禦為主軸的戰略思想，到了唐太宗時候有了革命性的轉變。唐太宗不贊成以修築長城之方式防禦北患；他認為，修築長城以

〔註86〕《魏書》，卷三，〈太宗紀第三〉，頁63。
〔註87〕《隋書》，卷一，〈帝紀第一・高祖上〉，頁15。
〔註88〕《隋書》，卷六十，〈列傳第二十五・崔仲方傳〉，頁1448。
〔註89〕《隋書》，卷一，〈帝紀第一・高祖上〉，頁23。
〔註90〕《隋書》，卷三，〈帝紀第三・煬帝上〉，頁70～71。

備邊，是一種消極保守、勞動百姓、浪費國力、而又事倍功半的觀念，不如慎選「將才」，賦予較大臨機權力以鎮邊，來得有效果。《通鑑》貞觀十五年十月條，記載唐太宗在這方面之思想與作為曰：

> 隋煬帝勞百姓築長城，以備突厥，卒無所益。朕唯置李世勣於晉陽而邊塵不驚，其為長城，豈不壯哉！〔註91〕

大概在太宗的觀念中，長城是靜態、只有守勢功能，人卻是動態而有思想的，可隨機賦予多重任務；尤其要以「天可汗」身份貫徹「遠程防禦、國外決戰」之戰略構想時，〔註92〕就必須捨「靜態」，而就「動態」，建立以「人本」為主體，「寓攻於守」之機動作戰國防觀念，才能因應各方面狀況。因此筆者認為，在初唐擊滅東突厥與薛延陀大度設的兩次陰山戰役中（見表六：戰例10、11、12、13），唐軍戰場指揮官在看破好機後，能獨斷專行，主動出擊，創造輝煌殲滅戰果，其主動、機動、攻勢與積極之精神，實應源自唐太宗以「將才」代替長城之「人本」思想。

　　此外，唐太宗之攻勢戰略思想，還表現在隨軍事作戰之勝利，將政治權力延伸至漠北地區之作為上。貞觀二十一年（647）正月，太宗於滅薛延陀（見表六：戰例15）後，以其地置六都督府、七州，又置燕然都護府以統之，漠北地區遂正式納入中國的羈縻統治。而唐朝不但視漠北為其正式行政區域，部族酋長兼具地方長官身分，以落實統治，並以強大武力為後盾，積極開發中原通達漠北之郵驛交通線，使游牧與農業民族之間有了溝通、連絡與貿易之管道；〔註

〔註91〕《通鑑》，卷一九六，〈唐紀十二〉貞觀十五年十月條，頁6170。
〔註92〕見前引雷家驥〈從戰略發展看唐朝節度體制的創建〉，頁236。
〔註93〕據《唐會要》載：貞觀「二十一年正月九日，以鐵勒回紇等十三部內附，置六都護府，七州。並各以其酋帥為都督刺史，給元金魚，黃金為字，以為符信。於是回紇等請於迴紇以南，突厥以北，置郵驛總六十六所，以通北荒，號為『參天可汗道』，俾通貢焉，以貂皮充賦稅。」（見卷七十三，〈安北都護府〉，頁1314）。而有關唐通羈縻地區之交通狀況，《新唐書》亦載曰：「唐置羈縻諸州，皆傍塞外，或寓名於夷落，而四夷之與中國通者甚眾……天寶中，玄宗問諸蕃國遠近，鴻臚卿王忠嗣以『西域圖』對，纔十數國。其後貞元宰相賈耽，考方域道里之數最詳。從邊州入四夷通譯於鴻臚者，莫不畢紀。其入四夷之路，與關戍走集最要者七：一曰營州入安東道，二曰登州海行入高麗渤海道，三曰夏州塞外通雲中大同道，四曰中受降城入回鶻道，五曰安西入西域道，六曰安南通天竺道，七曰廣州通海夷道。」（見卷四十三下，〈志第三十三下・地理七下〉，頁1146）。此「中受降城入回鶻道」，即前述之「參天可汗道」也。見前引嚴耕望《唐代交通圖考》，篇十五，〈唐通回紇三道〉，頁607～36。

93〕更提供了游牧民族在「一國之內」遷徙之行動空間，有效解決了北族劫掠的問題。可惜其後唐朝因高麗問題與吐蕃興起而國防重心他移，加上不久中原政亂，御邊能力漸衰，這種羈縻統治局勢並未長久保持。不過無論如何，這是歷史上農業民族第一次、也是唯一的一次統治漠北；其所憑藉者，除充沛的國力外，就是「不築長城」的攻勢戰略思想。而當時任用胡人以治其地之羈縻統治模式，則更可視為現代「民族自治」觀念之鼻祖，意義重大。

第六節　領袖人物在劫掠作戰中之重要性及其與游牧民族興衰之關係

　　劫掠作戰既是草原生態環境下的一種重要經濟活動、生產方式與統御領導手段，故其與北方游牧民族之興衰，亦應具有相當程度之關連性。而劫掠作戰之「誘因」與基本精神，在於掠奪及掠奪後的「分配」；因此游牧民族發展的第一要件，恐就是需要一個體健善戰、智勇服眾，又能斷曲直及公平分配劫掠所得的「噶里斯瑪」（charisma）〔註94〕人物之領導。愈是層級簡單的社會，對「噶里斯瑪」人物之依賴，愈應強烈；理論上，某一游牧民族有了這樣的領袖人物，族人才會心甘情願地接受其指揮，追隨劫掠或參與戰爭。如此，族人因參加劫掠作戰而獲得「戰利品」致富，領導人物因戰勝併吞其他部族，而成為被征服部族的共同領袖，權力基礎更形擴大，兩者互蒙其利。實徵上，中古時期北方匈奴、鮮卑、柔然、突厥、薛延陀、回紇等游牧民族的崛起，大致都是循著這種行為模式。筆者試舉各族之例，說明如下：

一、匈　奴

　　根據《史記·匈奴列傳》記載，戰國時期的北方草原民族是處於「各分散居谿谷，自有君長，往往而聚者百有餘戎，然莫能相一」的狀況，〔註95〕當時「匈奴」可能也僅是其中一個「時大時小，別散分離」〔註96〕的普通北方游牧部族而已。到了冒頓單于時期，匈奴東滅當時北邊最強盛的東胡，「而

〔註94〕"charisma"乃是指某種特殊的人格特質與稟賦，而使某些民眾心甘情願地接受其領導，由是每發展成為威權的獨裁政制。見呂亞力《政治學》，第九章，〈威權獨裁〉，台北：三民書局，民80年4月，頁162。

〔註95〕《史記》，卷一百十，〈匈奴列傳第五十〉，頁2883。

〔註96〕《史記》，卷一百十，〈匈奴列傳第五十〉，頁2890。

虜其民人及畜產」，接著又「西擊走月氏，南并樓煩、白羊河南王」，佔領河南地，「控絃之士三十餘萬」。後又「北服渾庾、屈射、丁零、鬲昆、薪犁之國，於是匈奴貴人大臣皆服，以冒頓單于爲賢」。匈奴遂在冒頓單于領導下，成爲強大「草原帝國」，「而南與中國爲敵國」。〔註97〕吾人由匈奴發展的過程可以瞭解，匈奴應有廣義與狹義兩種解釋。廣義的匈奴，是泛指匈奴所征服與統治地區的所有不同部族人民而言；狹義的匈奴，則僅爲冒頓擊滅東胡前、名爲「匈奴」的部族人口而已，冒頓統一大漠南北後，隨征服者權力的建立，「匈奴」也就成了這個地區的總符號。〔註98〕

　　所以廣義的匈奴，就如同日人村上正二在《征服王朝》中所說：「匈奴國家或鮮卑王國，即使是游牧民族組成的國家，但並不是由同一語言集團所形成的文化統一體，只不過是以政治權力，統合雜多的部族集團所形成的結合體而已。」〔註99〕而在匈奴發展成爲強大政治權力的過程中，所憑藉的唯一手段，似乎就是掠奪與併吞戰爭，其成功之最大關鍵，筆者認爲應是冒頓單于之「噶里斯瑪」領導。

二、鮮　卑

　　東漢桓帝時，鮮卑繼匈奴之後崛起於北疆，建立起了一個強大的部落聯合式的「軍事大聯盟」。其原因有二：一是和帝永元三年（91）二月，匈奴北單于復爲東漢右校尉耿夔所破，北單于逃走，而南匈奴又入居山南，成爲漢之屬國附庸，大漠地區出現權力眞空狀況，鮮卑勢力適時進入塡補。《後漢書‧

〔註97〕《史記》，卷一百十，〈匈奴列傳第五十〉，頁 2888～93。

〔註98〕大陸學者林幹站在「經濟生產」的觀點，也認爲匈奴之族源，應包括所有原先活動於大漠南北的各部族，很難說其族源是來自單一的氏族或部落。不過在匈奴族形成的過程中，被稱爲「匈奴」的那一部分，由於社會生產力較之其他部分先進，具主導地位，起支配作用。隨著部族的形成和發展，「匈奴」那一部分遂以它本部的名稱，總括和代表整個部族。事實上，匈奴自己族內的成分，也不是單一的，如休屠（屠各）、宇文、獨孤、賀賴、羌渠等部，都是匈奴族內的構成部分。而各部之下，還有眾多的氏族，如盧連題氏、呼衍氏、蘭氏、須卜氏、……等；此外，還有所謂「別種」、「別部」。這樣複雜的民族構成，正是匈奴族由眾多的氏族和部落聚集、結合和形成的有力證明。與匈奴并起的東胡，及爾後相繼興起於大漠的烏桓、鮮卑、柔然、鐵勒、突厥、回紇、契丹、蒙古，其族內民族成份，也莫不如此複雜。見前引《匈奴通史》，頁3。

〔註99〕村上正二原著（鄭欽仁譯）〈征服王朝〉，刊於《食貨月刊》，第十卷，第8,9期，抽印本（上），台北：民69年12月，頁49。

烏桓鮮卑列傳》載曰：

> 和帝永元中，大將軍竇憲遣右校尉耿夔擊破匈奴，北單于逃走，鮮卑因此轉徙據其地。匈奴餘種留者尚有十餘萬落，皆自號鮮卑，鮮卑由此漸盛。〔註100〕

因此，鮮卑崛起之時機，是在匈奴勢力退出大漠地區之後，而其權力的一部分基礎，是建立在匈奴留下的人力資源上，此又驗證前述「游牧民族國家是由眾多部族集團所組成」之觀點。此次草原權力之交替，就因果與時空關係看，是匈奴衰落在先，鮮卑興起在後，而非因鮮卑之興起，才造成匈奴之衰落。

鮮卑興起的第二個原因，是有「噶里斯瑪」人物檀石槐的領導。《後漢書‧烏桓鮮卑列傳》又載曰：

> 桓帝時，鮮卑檀石槐者，……年十四五，勇健有智略。異部大人抄取其外家牛羊，檀石槐單騎追擊之，所向無前，悉還得所亡者，由是部落畏服。乃施法禁，平曲直，無敢犯者，遂推以爲大人。檀石槐乃立庭於彈汗山歠仇水上，去高柳北三百餘里，兵馬甚盛，東西部大人皆歸焉。因南抄緣邊，北拒丁零，東卻夫餘，西擊烏孫，盡據匈奴故地。東西萬四千餘里，南北七千餘里，網羅山川水澤鹽地。〔註101〕

檀石槐死後，其子連和代立。連和才力不及檀石槐，「亦數爲寇抄，性貪淫，斷法不平，眾畔者半」。後連和出攻北地，中弩而死，「其子騫曼年少，兄子魁頭立，後騫曼長大，與魁頭爭國，眾遂離散」。〔註102〕魁頭死後，弟步度根立，眾稍衰弱，後爲柯比能所殺。〔註103〕柯比能其人，《三國志‧鮮卑傳》載曰：

> 柯比能本小種鮮卑，以勇健，斷法平端，不貪財物，眾推以爲大人……比能眾遂彊盛，控弦十餘萬騎。每鈔略得財物，均平分付，一決目前，終無所私，故得眾死力，餘部大人皆敬憚之，然猶未能及檀石槐也。〔註104〕

可見一個勇健、智慧、能領導族人劫掠與公平分配所得之領導人物，對一個

〔註100〕《後漢書》，卷九十，〈烏桓鮮卑列傳第八十〉，頁2986。

〔註101〕《後漢書》，卷九十，〈烏桓鮮卑列傳第八十〉，頁2989。相關狀況，見表二：戰例27。

〔註102〕《後漢書》，卷九十，〈烏桓鮮卑列傳第八十〉，頁2994。

〔註103〕《後漢書》，卷九十，〈烏桓鮮卑列傳第八十〉，頁2994。及《三國志》，卷三十，〈魏書‧烏桓鮮卑東夷傳第三十〉，頁835～36。

〔註104〕《三國志》，卷三十，〈魏書‧烏桓鮮卑東夷傳第三十〉，頁838～39。

草原游牧民族的興起與發展而言，應是匯集部族統合戰力的總源頭。

三、柔　然

　　鮮卑於魏晉時期由興安嶺方向向南發展，拓跋氏所建立之北魏政權，並曾統治北中國一個半世紀，是謂南北朝時期之北朝。鮮卑人勢力南移之後，大漠地區又出現權力眞空，柔然乘機崛起，並成北魏最大邊患。柔然本爲拓跋氏之無名騎奴，所以能夠立足漠北，並擁有族名，筆者認爲應歸因於車鹿會等領袖人物之出現與領導。《魏書‧蠕蠕傳》載曰：

> 蠕蠕，東胡之苗裔也……始神元（力微）之末，掠騎有得一奴，髮始齊眉，忘本姓名，其主字之曰木骨閭……後世子孫因以爲氏。木骨閭既壯，免奴爲騎卒。穆帝（漪盧）時，坐後期當斬，亡匿廣漠谿谷間，收合逋逃得百餘人，依紇突鄰部。木骨閭死，子車鹿會雄健，始有部眾，自號柔然……〔註105〕

柔然原役屬於拓跋代，代亡之後（代亡之戰，見表三：戰例17），改附於劉衛辰。〔註106〕北魏道武帝時期，柔然曾多次南下劫掠（見表十：戰例1、3），也多次爲魏軍擊敗（見表三：戰例22、28），柔然社崙可汗乃向北退卻發展。《魏書‧蠕蠕傳》又載曰：

> 太祖遣材官將軍和突襲黜弗、素古延諸部，社崙遣騎救素古延，突逆擊破之。社崙遠遁漠北，侵高車，深入其地，遂并諸部，凶勢益振。北徙弱洛水……其西北有匈奴餘種，國尤富強，部帥曰拔也稽，舉兵擊社崙，社崙逆戰於頰根河，大破之，後盡爲社崙所并，號爲強盛。隨水草畜牧，其西則焉耆之地，東則朝鮮之地，北則渡沙漠，窮瀚海，南則臨大磧。其常所會庭則敦煌、張掖之北。小國皆苦其寇抄，羈縻附之，於是自號「丘豆伐可汗」。〔註107〕

柔然之崛起，應與鮮卑勢力南移有關，而在其發展成爲草原國家的過程中，所使用之擴張手段，也和匈奴、鮮卑一樣，是以劫掠與併吞戰爭爲主。當然，柔然能以百餘人起家，最後統一漠北諸部，不但又說明車鹿會與社崙等「噶里斯瑪」領袖人物在草原社會中的重要性，亦再次印證游牧民族國家是由雜

〔註105〕《魏書》，卷一百三，〈列傳第九十一‧蠕蠕傳〉，頁2289。
〔註106〕同上注。
〔註107〕《魏書》，卷一百三，〈列傳第九十一‧蠕蠕傳〉，頁2290～91。

多部族組成的特質。

四、突　厥

　　據《周書》載：突厥者，蓋匈奴之北種，姓阿史那氏，居金山之陽，臣於芮芮（柔然），爲其鐵工。〔註108〕《隋書》則載：突厥之先，平涼雜胡也，後魏太武滅匈奴沮渠氏，阿史那以五百家奔芮芮，世居金山，工作於鐵。〔註109〕傳至土門，部落稍盛，西魏大統十二年（546）破鐵勒，盡降其眾五萬餘落，並恃其彊，求婚於柔然，但爲柔然主阿那瓌以「爾是我鍛奴，何敢發是言也」而拒，兩方遂斷絕往來。西魏廢帝元年（552），土門發兵擊柔然，大破之於懷荒北，阿那瓌自殺，其子率餘眾奔齊（見表四：戰例21）。土門遂自號伊利可汗，猶古之單于也。其後，突厥又歷乙息記（科羅）、木汗（俟斤）諸可汗之領導，連破叔子、嚈噠、契丹、契骨，威服塞外諸國。「其地東至遼海以西，西至西海萬里，南至沙漠以北，北至北海五六千里，皆屬焉」；〔註110〕儼然已是「草原帝國」。

　　觀察突厥汗國的組成，亦是眾多部族之結構體。在其崛起之過程中，所憑藉者，也是掠奪與併吞戰爭；尤其土門擊敗柔然阿那瓌一戰，更是兩國興衰與大漠權力更替之轉捩點。正史除記述俟斤「狀貌多奇異……務於征伐」〔註111〕及「勇而多智」〔註112〕外，對土門、科羅兩人之性格特質則無載。但筆者根據史上其能連破強敵柔然之記載判斷，〔註113〕亦必爲勇健能服眾之「噶里斯瑪」人物。當然，草原上人力與物資資源受限，故一族之興起，也通常會對他族之

〔註108〕《周書》，卷五十，〈列傳第四十二‧突厥傳〉，頁907。日人白鳥庫吉認爲，「阿史那」音近於「跳躍」意義的土耳其語，與《周書‧突厥傳》（頁908）傳說，所謂阿史那在其部族中跳躍最高，而成其主之說法一致。轉引自林恩顯《突厥研究》，台北：台灣商務印書館，民77年4月，頁46。

〔註109〕《隋書》，卷八十四，〈列傳第四十九‧突厥傳〉，頁1863。但這段史料可能有誤，據馬長壽之辨證，此「平涼雜胡」不僅與突厥阿史那氏無關，且與太武滅沮渠氏亦無關，蓋《隋書‧突厥傳》的作者將匈奴赫連氏的夏國，錯認爲匈奴沮渠氏的北涼。見前引馬長壽《突厥人和突厥汗國》，頁8。

〔註110〕《周書》，卷五十，〈列傳第四十二‧突厥傳〉，頁908〜09。

〔註111〕《周書》，卷五十，〈列傳第四十二‧突厥傳〉，頁909。

〔註112〕《隋書》，卷八十四，〈列傳第四十九‧突厥傳〉，頁1864。惟「木汗」作「木杆」。

〔註113〕突厥曾三次擊敗柔然。據《隋書》載：「依利（土門）……率眾擊芮芮，破之。卒，弟逸可汗（科羅）立，又破芮芮。病且卒，……立其弟俟斤，……遂擊芮芮，滅之」。出處同上注。

權力形成排擠，而強者適存，決定關鍵即爲戰爭；突厥之取代柔然，就是例子。

五、薛延陀

　　薛延陀者，本匈奴別種鐵勒之一部，自云本姓薛氏，其先擊滅延陀而有其眾，因號爲薛延陀部。其官方兵器及風俗，大底與突厥同。乙失鉢爲可汗時期，西臣於西突厥葉護可汗。唐太宗貞觀二年（628），葉護可汗死，其國大亂。乙失鉢之孫夷男，率其部落七萬餘家附於（東）突厥。遇頡利政衰，夷男率其徒屬反攻頡利，大破之。於是頡利諸姓多叛頡利，歸於夷男，共推爲主，夷男不敢當。《舊唐書》載當時狀況曰：

> 時太宗方圖頡利，遣遊擊將軍喬師望從間道齎冊書拜夷男爲眞珠毗伽可汗，賜以鼓纛。夷男大喜，遣使貢方物，復建牙於大漠之北鬱都軍山下……迴紇、拔野古……諸大部落皆屬焉……（貞觀）四年，平突厥頡利之後，朔塞空虛，夷男帥其部東還故國，建庭於都尉揵山北，獨邏河之南，在京師北三千三百里，東至室韋，西至金山，南至突厥，北臨瀚海，即古匈奴之故地，勝兵二十萬。〔註114〕

由此可見，薛延陀汗國也是眾多部族之複合體。歸納其興起原因，概略有三：（一）東突厥政亂，突厥諸部多叛頡利，改歸夷男，薛延陀因而強大。（二）唐太宗爲保持北邊「戰略平衡」，冊封夷男爲可汗，以牽制東突厥，使夷男正式成爲漠北諸部之共主。（三）唐滅東突厥後，北邊權力眞空，薛延陀適時塡補。吾人由此三點理由亦可看出兩者權力興替之因果關係，是東突厥之衰落乃至滅亡給予薛延陀興起之機，而非薛延陀之興起造成東突厥之衰亡。至於夷男之人格特質，史書未載，但其能擊敗頡利，並被諸部推爲共主，進而統一大漠地區，料應亦是具有領袖魅力與領導能力之「噶里斯瑪」人物。

六、回　紇

　　回紇，其先匈奴之裔也。〔註115〕北魏時期，號鐵勒部落，初無酋長，逐

〔註114〕《舊唐書》，卷一百九十九下，〈列傳第一百四十九下・北狄傳〉，附〈薛延陀傳〉，頁5343～44。《新唐書》，卷二百一十七下，〈列傳第一百四十二下・回鶻傳〉，附〈薛延陀傳〉，頁6134～35。所載略同。

〔註115〕元和四年（809），回紇改稱「回鶻」；見第二章注56。另，據外蒙鄂爾昆河所遺存之突厥苾伽可汗碑，其東西第二十九行有文曰：「九姓回紇者，吾之同族也」，故回紇可能與突厥同種。見韓儒林譯丹麥 V. Thomsen 原著，〈突厥文

水草轉徙，善騎射，喜盜鈔，隋時臣於突厥，散處磧北。隋煬帝大業中，受處羅可汗之逼，乃與僕骨、同羅、拔野古等部共叛突厥，並號俟斤，後稱回紇。有眾十萬，勝兵五萬。〔註116〕回紇之強，始於菩薩，《新唐書·回鶻傳》載其人曰：

> 有時健俟斤者，眾始推為君長。子曰菩薩，材勇有謀，嗜獵射，戰必身先，所向輒摧破，故下皆畏服。〔註117〕

《舊唐書·迴紇傳》亦載：

> 初，有特健俟斤死，有子曰菩薩，部落以為賢而立之。貞觀初，菩薩與薛延陀侵突厥北邊，突厥頡利可汗遣子欲固設率十萬騎討之，菩薩領騎五千與戰，破之於馬鬣山，因逐北至於天山，又進擊，大破之，俘其部眾，迴紇由是大振……迴紇之盛，由菩薩之興焉。〔註118〕

回紇能強於北邊之關鍵因素，在於「馬鬣山之戰」的以寡勝眾（見表六：戰例7）。因此，如果吾人說回紇之崛起，多半是菩薩領導作戰之功，應不為過。而五千人戰勝十萬人並非易事，當須以甚大之無形精神戰力，以彌補相對有形戰力之不足，菩薩若無族人堅實之向心作為支撐，恐無以創造如此戰果。領袖人物在草原民族興起過程中之重要地位，又得例證。

　　由上述舉證與分析說明，吾人概能瞭解草原游牧國家都是眾多不同民族的組合體；其興起，通常出於適時接替前一衰落民族遺留下來的權力，或是以武力挑戰先前統治者成功。新興起的游牧國家，又以該族之名統稱被其統治之所有部族；草原權力興衰更替，大致如此。而在某一民族興起的過程中，因受草原生態環境與游牧社會文化的影響，初期對外使用武力，似乎出於劫掠鄰族之動機，其後隨力量的增強，則逐次併吞草原地區各部族，最後在草原之上建立起統一權力，並南下劫掠農業地區，形成中古時期南方政府之邊患。因此，劫掠作戰不但是游牧民族的重要經濟活動與生產方式，也是一個部族整體戰力的總指標，更是其發展壯大的主要動力。在這樣特殊的環境與狀況下，一個勇健、有智慧、受族人信賴擁護、能領導族人劫掠與公平分配

　　　　苾伽可汗碑譯釋〉，刊於《禹貢半月刊》，六卷六期，台北：大通書局影本（轉引自畢長樸《回紇與維吾爾》，台北：新文豐出版公司，民75年1月，頁1）。

〔註116〕《新唐書》，卷二百一十七上，〈列傳第一百四十二上·回鶻傳〉，頁6111。《舊唐書》，卷一百九十五，〈列傳第一百四十五·迴紇傳〉，頁5195，所載略同。

〔註117〕《新唐書》，卷二百一十七上，〈列傳第一百四十二上·回鶻傳〉，頁6112。

〔註118〕《舊唐書》，卷一百九十五，〈列傳第一百四十五·迴紇傳〉，頁5195～96。

所獲的「噶里斯瑪」人物，遂成游牧民族興起的最重要條件。一個部族一旦有了這樣的人物，當原先統治權力衰落或草原權力眞空時，即可迅速而起，取而代之。

此外，有關草原游牧國家衰落，一般而言不外天災、政亂、內戰等原因，給予農業民族及其他對立部族分化、攻擊之機使然。在這些原因之中，天災或無法預防，但政亂與內戰卻是絕對可以避免的人禍；後者之發生，適足反映領導階層在統治權力運用上的混亂、衰弱、分割或失衡，如遇天災，其負面影響更爲明顯，兩者結合，遂每成其族敗亡之主因。而這種人謀不臧現象，也正肇因於缺少良好領袖人物，無以形成強固「領導中心」，統治權力遭割裂與弱化所致。類此狀況，權力結構與行政層級較爲簡單，缺乏相互制衡功能之游牧型態國家，尤其容易出現。職是之故，在中國中古時期游牧國家興起與維持的過程中，恐怕沒有比擁有一個「噶里斯瑪」人物更重要的條件了。

陳寅恪曾以李唐與突厥、吐蕃、回鶻、雲南之互動爲例，論述「外族盛衰之連環性及外患與內政之關係」。陳氏所謂「外族盛衰之連環性」者，即「某甲外族不獨與唐室統治之中國接觸，同時亦與其他之外族有關。其他外族之崛起或強大，可致某甲族之滅亡或衰弱，……」云云。〔註119〕筆者對陳氏「其他外族之崛起或強大，可致某甲族之滅亡或衰弱」觀點，略有不同看法。觀察本節所舉各時期北方游牧民族崛起之事例，除突厥之對柔然，或符陳氏「一族興起可導致另族衰落」說法外，其餘如鮮卑、柔然、薛延陀等族之崛起，時機上均有塡補北邊「權力空虛」之意義，並無類似陳氏所言狀況。筆者再試舉五代時期契丹崛起之例說明：契丹之興，是因南唐爲擴大勢力與外族相連，而中原各國又互相拼鬥，力量自我抵消，給予契丹坐大爲患之機；〔註120〕而非因契丹之興，而導致中原之衰亂，亦與陳氏理論不符，但此顯爲「外患與內政之關係」例證也。陳氏觀點，或專指李唐時期而言，如其在檢討突厥敗亡之因時所曰：

> 北突厥或東突厥之敗亡，除與唐爲敵外，其主因一爲境內之天災與
> 亂政，二爲其他鄰接部族迴紇、薛延陀之興起兩端，故授中國以可

〔註119〕陳寅恪〈外族盛衰之連環性及外患與內政之關係〉，收入《隋唐制度淵源略論稿·唐代政治史述論稿》（陳寅恪先生論文集），台北：里仁書局，民83年8月，頁274。

〔註120〕王吉林〈契丹與南唐外交關係之探討〉，刊於《幼獅學誌》，5卷2期，民55年12月。

乘之隙。否則雖以唐太宗之英武，亦未必能致如是之奇蹟，斯外族盛衰連環性之一例證也。〔註121〕

但陳氏此說法亦值商榷，蓋新、舊《唐書》皆載，突厥頡利可汗政衰於前，薛延陀夷男被反叛頡利諸部擁為共主而強於後。〔註122〕且薛延陀是在唐平東突厥後，「朔塞空虛」之際，才率其部東還；而回紇之盛，也在唐平頡利之後。故就因果關係言，頡利亂政以致東突厥國力衰退是「因」，授中國以可乘之隙及造成薛延陀與回紇崛起之機是「果」，而此「果」之最大作用，即是加速了東突厥之亡。換言之，東突厥敗亡之直接原因，只有一個，那就是頡利之政衰；要之，或可再加上天災。而其爾後朝向亡國之發展，似乎則都應看成此「因」所造成之「果」。故陳氏將回紇與薛延陀之興起，也列為東突厥敗亡主要原因之一，在因果關係上，恐有錯置。且唐於貞觀四年（630）之能擊滅東突厥，完全取決於一代名將李靖與李勣看破好機而獨斷專行之奔襲與攔截行動（見表六：戰例 10，11），此陳氏所謂「奇蹟」之締造，實繫於兩位戰場指揮官之「至當決心」與臨機之卓越作為，與回紇、薛延陀之興起與否，似亦無直接關連。

不過，以上僅是筆者初步結論，蓋所謂「因果」，有時也頗為難分；如上述鮮卑、柔然、薛延陀若非興起，又如何能填補匈奴、鮮卑、東突厥所遺留下來的「權力真空」？且外族甚多，此族之能興起，至少顯示其已有相當之實力，足與強權相抗，此與未興起前之接受強權統治相較，似乎可以看成一種權力消長互動。何者為「因」？何者為「果」？或許只是「比較性」。

〔註121〕前引陳寅恪〈外族盛衰之連環性及外患與內政之關係〉，頁 277。

〔註122〕《舊唐書》，卷一百九十九下，〈列傳第一百四十九下‧北狄傳〉，附〈薛延陀傳〉，頁 5343。《新唐書》，卷二百一十七下，〈列傳第一百四十二下‧回鶻傳〉，附〈薛延陀傳〉，頁 6134，所載略同。